しっかり知りたい ビッグデータとAI

宇野 毅明／池田 亜希子

丸善ライブラリー

はじめに

　しっかり知りたい──「しっかり」と「知る」
とはどういうことでしょうか。
　バズワードという言葉があります。世の中で急
に流行っている、よく使われるようになった言葉
を指すのですが、技術や考え方など、よくわから
ない部分があるものを指すことが多く、またビ
ジネス界でよく使われます。AI、ビッグデータ、
さらには Web2.0 やマルチメディア、データマ
イニング、IoT、見える化、などなど。身近な例
だと「血液さらさら」とか「断捨離」もバズワー
ドと言ってよいかもしれません。断捨離は、ただ
ものを捨てるのではなく、その背後には所有する
ことや生活に対する考え方があるのですが、それ
が、捨てるという行為だけが一人歩きして、捨て
ることなら何でも「断捨離！」となる、この状態
になったときに、バズワードと呼ばれるようです。
　ビジネス業界は、まさにバズワードのオンパ
レードです。注目の技術なので皆が騒ぐのですが、

— iii —

その技術の「意味」、技術がもたらすものがよく
わからない。ただ知っているだけなのですが、周
りに遅れないためには何かしなければいけない気
がする。世の中が、自分の知らないうちに大きく
変わってしまう、そんな不安感にかられます。だ
から「しっかり」と意味を「知りたい」のです。

　AI のそばで研究していると、いろいろな人か
ら AI について聞かれます。ビジネスの人は仕事
のことで、友人や同僚は社会の変化について。皆
さん、技術について、何がどうできるのか聞いて
くるのですが、実は技術の詳細が知りたいのでは
なく、近い未来への期待と不安と、何よりも「自
分の視点で理解したい」と思っています。人の顔
が見分けられるようになったり、碁のトッププロ
を破ったり、どういう技術で、どれくらい性能が
上がったのか、が企業や研究者からメディアで紹
介されますが、「どういうものなのか」を知る機
会はあまり多くありません。人間の体や脳みそが
やっていることと何が違うのか、どうしてそんな
ことがコンピュータでできるのか、そういうこと
を、細かいことではなく、直感的に、身近な言葉
で教えてほしいのです。

　本書は、このような「知りたい」をお持ちの皆

はじめに

さんに、AI とビッグデータを身近な感覚で解説します。1 章と 2 章では、AI は何ができるのか、仕事を奪うのか、そもそも AI はどんな知的活動ができるのかを解説します。3 章と 4 章では、ビッグデータの正体と可能性、そして AI の発達とデータの関係を、その仕組みも交えて解説します。5 章では、囲碁・将棋を例にして AI の強さとその歴史、そして強い AI と人間との関わり方を紹介します。6 章では、ビッグデータと AI をビジネスに活かす、その考え方やポイントをお伝えします。

　また、本書のナビゲーターとして会社員の小林さんと専門家の田中博士を登場させています。小林さんは、AI が仕事を奪うかもしれない、ビッグデータを使えるようにならないと会社がつぶれるかもしれない、と危機感を感じていると設定しました。同様にお考えの方はとても多いと思います。自分の生活を、いつの間にか AI が変えてしまうかもしれない、自分のあずかり知らぬところでいろいろなことが勝手に決まってしまう、そんな不安感もあると思います。難しいところは置いておいて、肝の部分を教えてほしい、AI って一体何者なんだ、小林さんの疑問に、田中博士が例

— v —

を交えて、AI とはこういうものだよという、捉え方、考え方を説明していきます。

　AI が変える物、AI が持たない物、できないこと、ビッグデータが人間のコミュニケーションにもたらす変革、技術の話も挟みながら、田中博士の話は大きく広がっていきます。

　世にバズワードが出てきたとき、そこにビジネスを作る人もいれば、翻弄される人もいる。世の人々は何かが変わるような気がしつつも、具体的に何がどうなったかは今一つわからない。いつもバズワードはお騒がせ物です。しかし、今回のビッグデータ＆ AI ブームは、それ以外の働きもしているようです。AI をきっかけに、企業は経営のあり方や業務改善の模索を始め、今まで見過ごされてきた欠点をあぶり出すとともに、人々のビジネスや業務への考え方が変わるきっかけを与えています。人々は、仕事が奪われる、というフレーズをきっかけに、人間だけにしかできない、機械には置き換えられない仕事や思考って何だろうか、と考え始めています。多くの情報を集めれば何でもできると思っていたのに、実際には情報の洪水におぼれ、扇動的な書込みに振り回され、自分たちは、いったいどんな情報を手に入れ、世に

流通させたいのか、を考え始めています。単に便利な道具ができるだけではなく、人々のコミュニケーションや生活、果ては社会のあり方にまで思考を伸ばす、そんなふうに人々の背中を押しているのです。

　本書の最後、小林さんは意気揚々と会社に帰っていきました。AIもビッグデータも、想像を超える物でも、恐ろしい物でもありません。皆さんも、本書を読んで、何かをつかみ取っていただければと思っています。

2018年5月　　　　　　　　　　宇野　毅明

目　次

はじめに ………………………………………………………… iii

1日目　我が社に AI がやって来る！ …………………… 1

1 なくなる仕事、なくならない仕事 …………………… 3

AI の得意な仕事は何？ ……………………………… 4

消えた仕事／AI に役者は難しい／ルールが好きな AI

2 知識を求められる職種が危ない!? ………………… 8

AI は弁護士になれるか？ ………………………… 9

士業はルール通りに動いている？／AI 先生は登場
するか

AI はロボットじゃない …………………………… 15

最近、AI と言われるものには……

AI は完璧じゃない ………………………………… 18

万能な AI はいまだ登場せず

2日目　AI って何者？ ………………………………… 23

1 AI の知能ってそもそも何？ ………………………… 24

計算機で扱える知識とは ………………………… 25

— ix —

人間の知能を分類すると／記憶、計算、整理／推理、
推論、関連づけ、判断／認知、認識、類別、判別／
常識データベースが不可欠

2 「AI」は時代とともに変わってきた …………… 32

人間社会と AI の歴史 ………………………… 32
人間の言葉を認識するスピーカー／人工知能学が確立
するまで／冷戦と第一次 AI ブーム／エキスパートシ
ステムと第二次ブーム／ビッグデータと第三次ブーム

世の中の AI への期待 ……………………… 38
こんな風に使えそう

3 日目　AI を強くするビッグデータ ………… 45

1 大きなデータという意味ではない ………… 46

ビッグデータって何？ ……………………… 47
ビジネス界が注目／正確で詳細、大容量のデータ／意味
が隠れている／センサの進化

データの力 ………………………………… 54
すでに活躍しているビッグデータ／世界を相手に商売
も／交通系 IC カードのデータから見つかったお宝／
健康もデータで守る

社会を動かし生活を変えていく ……………… 57
特徴を紐解くのがポイント

2 世の中のことがよくわかる ………………… 60

— x —

目　次

　　ビッグデータの可能性 ……………………………… 61
　　　全体を知り、実状を明らかに／少数派が見えてくる

　3 データを調べ、知識を得るために ………………… 65
　　今、注目の技術 …………………………………… 65
　　　機械学習／ディープラーニング（深層学習）

　　データ解析技術を一言で ………………………… 71
　　　「教師あり学習」と「教師なし学習」／統計、可視化、デー
　　　タマイニング

4日目　AIでできるようになったこと ……………… 79
　1 自然言語処理、音声・画像の認識 ……………… 80
　　上手なこと、難しいこと ………………………… 81
　　　猫がわかる／時間的、空間的に離れているものが苦
　　　手／上手に翻訳できる

　2 AIをどこまで信用する？ ……………………… 87
　　人間とAIは仕組みが違う ……………………… 87
　　　パンダをキツネザルだと思うAI／おかしな反応をし
　　　てしまうAI

　3 試験に合格できる ………………………………… 94
　　試験を受けるAI ………………………………… 95
　　　得意、不得意があるのは当たり前

5日目　将棋に見る超AI ……………………… 101

－ xi －

目　次

1　AI はすでに人を超えている !? ·················· 102

コンピュータと人間の対局の歴史 ················ 103

2017 年春、最後の電王戦／ボードゲームを AI 進化の指標に／コンピュータ将棋ソフトと人間の対局の始まり／ソフトの品評会から真剣勝負へ―第 2 回将棋電王戦／AI に立ち向かう―第 3 回将棋電王戦／棋士 vs プログラマー―再び人間対人間の戦いへ

2　さまざまなボードゲームでの戦略 ·················· 116

同じようなボードゲームでも ·················· 116

ルールが違うから強くなり方も違う／機械学習で局面を判断／囲碁はどうして強くなったか

3　次世代の名人 ·················· 123

将棋新時代幕開けの裏には科学技術アリ ········· 124

中学生棋士の登場と科学技術

6 日目　社会に入る AI ················ 127

1　AI との付き合い方 ················ 128

敵か？ 味方か？ ················· 128

シンギュラリティは来るか？／プライバシーと不気味の谷／フィルタバブル／AI と仲良くなる

2　発想や会議にも AI ················ 138

データがあれば考え方が変わる ·················· 138

客観的に物事を見る／よい議論ができるようになる !!／

モデル演繹型とデータ帰納型

3 では、実際に AI を ……………………… 147

　使えるかな、と思うだけではだめ！ ……………… 147
　　球団運営にデータを活用

　どこに使うか考えてみよう ……………………… 150
　　レコメンデーション

　AI で未来予測 …………………………………… 153
　　会社の未来はわかる？／AI に"神頼み"はよくない／
　　そもそも AI でやる前に／配送業は得意／気の利く自
　　動販売機／限定的なすごい能力

あとがき ………………………………………… 167

著者紹介 ………………………………………… 171

参考文献 ………………………………………… 173

カバーイラスト＆本文イラスト　てるてりうむ
　　　　　　　　　　　　　　　　　しろつみか

我が社にAIがやって来る!

1日目：我が社に AI がやって来る！

　小林笑子さんは運送会社に入って 5 年目の営業職です。最近、社長から、「AI（Artificial Intelligence、人工知能）をどうビジネスに活かすか、その使い方を調べてこい」との指令を受けました。急に AI と言われても何もわからない小林さんは困り果てた末に、知り合いの田中博士を訪れました。実のところ、前向きな社長に対して、小林さんたち社員は、日常の業務がどう変わるか不安な上に、自分たちの仕事が AI に奪われてしまうのではないかと気が気ではありません。AI の導入は私たちにとってチャンスなのでしょうか、それとも危機なのでしょうか。

1 なくなる仕事、なくならない仕事

小林：うちの社長は、「AIの導入でビジネスチャンスが広がる」と言っているんですが、私たち営業職は、仕事を取られてしまいそうで心配なんです

博士：確かに、世間ではそんなふうに言われているようじゃな。しかし、何か新しい技術が誕生して、仕事がなくなったことは、過去にもあったことなんじゃ

小林：そうなんですか？ 技術が発達したら、いろいろ楽になりそうなもんですけどねえ

AI の得意な仕事は何？

消えた仕事

かつて、電話交換手という仕事がありました。電話が発明されたばかりの頃は、相手に直接かけることはできず、いったん電話交換台にかけて、交換手に相手の番号を伝えてつないでもらっていました。たくさんの女性が並んで電話を受けている写真も残っています。しかし、自動電話交換の登場で、1979年には電話交換手の仕事は完全になくなりました。東京ー横浜間に日本で初めて電話が通じてから、100年足らずのことでした。

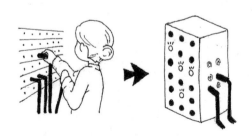

比較的最近のことでは、駅の改札が自動化されました。今の若い人たちには、駅員さんが切符を切る姿を見たことがない人も多いでしょう。乗車時に切符にハサミを入れる仕事がなくなったことで、駅員の仕事は楽になり、その上、不正乗車も減りました。

　同様に産業用ロボットの登場で、人間がやる作業が減ったケースもあります。グラフからは、溶接や塗装、組立てなどをロボットが行っていることがわかります。それによって作業員の負担は軽減し、現場での事故や怪我も少なくなりました。

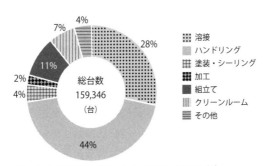

図　世界の産業用ロボット利用分野（2013年）
【出典】
2013年国際ロボット連盟（IFR: International Federation of Robotics）

— 5 —

AI に役者は難しい

　このように技術の登場や進歩によって、これ
までにもたくさんの仕事が消えました。AI の本
体はコンピュータですから、同じく本体にコン
ピュータを持つ産業用ロボットと変わらないよう
に思えますが、どうして人々は、AI に対して「仕
事が奪われる」という危機感を強く抱くのでしょ
うか。それは、本書を読み終わる頃にわかってい
ただけると思いますので、ここでは、まず、AI
でできる仕事は何なのかを考えてみましょう。

　すでにコンピュータが人間に代わりつつあるも
のとして、電車やバスの車内アナウンスがありま
す。人間がしゃべったものを録音して直接流すの
ではなく、人間が話した単語の音声をコンピュー
タが組み合わせて流しています。さらに、スマー
トフォンに搭載されている「Siri（シリ）」など
の音声アシスタントは、こちらの言うことを理解
して、それに対応していろいろな動作をします。

　一方、同じ音声でもテレビやラジオのアナウン
スや、アニメのキャラクターの声は、今でも基本
的に人間が吹き替えています。機械音声は、まだ
感情を込めた音声を出すのが得意ではないので、

人間の声が使われるケースが多いのです。

ルールが好きな AI

　一方で、AI の本体のコンピュータは、決められたルール通りに作業をするのが得意です。前出の自動改札や、欲しい商品を入れた買い物かごをセットすれば一瞬で会計してくれるセルフレジなどは、モノの価格が決まっていて、それを計算するという仕事ですから、コンピュータが最も得意とするところです。このほかにも将棋や囲碁のようなルールや勝敗がきっちり決まっているボードゲーム、時刻表通りに動く電車の乗換案内検索は、お手の物です。また、人が決めたルールではありませんが、単純な法則に基づいて動いているものを扱うのも、コンピュータは得意です。例えば、物理法則に従う、天気や星、機械の動き、津波や建物の強さの計算などでは、コンピュータがこれからもっと活躍してくれることでしょう。

2 知識を求められる職種が危ない!?

小林: AIはルールがはっきりしている仕事が得意なんですね！ というと、弁護士や弁理士などの「士業」なんかですか!? 資格を取るのに、あんなに難しい試験をクリアしているのに、なくなったりするんですかね？

博士: どうなのかのう。その答えを知るには、仕事内容を考えてみる必要があるのう

AI は弁護士になれるか？

士業はルール通りに動いている？

　多くの士業は、難しい試験に合格しなくては就けない仕事です。しかし、人間にとっては難しくても、記憶力がほぼ無尽蔵で、いったん覚えたことを忘れない AI にとって、知識量を試される試験に合格するのは難しいことではありません。その上、実際の業務は明確なルールに沿って行われることが多く、それは AI の得意とするところです。最近、AI に仕事が奪われるという話が、まことしやかに言われています。特に将来なくなると言われる職種の中に、このような士業が含まれているようです。ということは、こういった士業の仕事は AI に取って代わられてしまうのでしょうか。

　まずは「弁護士」について考えてみましょう。裁判をするとき、これまでに蓄積された判例に従って判決を下すだけなら、知識量の豊富な AI であればできそうです。しかし実際の判決では、例えば、殴ったという行為は同じでも、その状況が問題になってきます。

殺意があって殴ったのか、それとも先に攻撃してきたのは相手で、正当防衛だったのかによって判決は異なります。そもそも殴ったのかどうかについても、当事者たちを調べなければ明らかではありません。このように状況を判断し意味や感情を深く捉えることは、まだまだAIには難しく、弁護士の仕事をすべてAIで置き換えることはできません。

では「税理士」はどうでしょうか。これも基本的にはルールに従って行う仕事ですが、単に税金に関する知識があればできるというものではありません。納税者個別の事情に沿った税金対策の提案などをするには、相談者とのコミュニケーション能力が必要です。

「弁理士」は、特許にまつわる手続きをする職業です。特許というのは新しい技術の権利を守るためのものですから、特許を取得しようとしている技術が本当にそれまでにはない新しいものなのかどうかを判断しなくてはなりません。判断材料として膨大な過去のデータがあるので、その中に似たものがすでにあるかどうかはAIにもわかります。しかし本当に、今まで知られていなかったことなのか、簡単には思いつかなかったことなの

か、を見極めるのは簡単ではありません。仮にその技術が新しいことがわかったとしても、それを開発して社会的に意味があるのかを判断することはできそうにありません。開発した技術の優れた部分、新規性のある部分をしっかりと明らかにして、技術のどの部分について権利を主張するか、このようなコンサルティングは、まだまだAIには難しいのです。

　「公認会計士」には、企業経営における不正や間違いを見つけるという重要な仕事があります。時には、故意に嘘をついている相手に対峙しなくてはなりません。AIはデータや情報を基に考えるので、そのデータや情報が信頼できないと

なれば力を発揮するのは難しいでしょう。

　このように、数ある職業の中で、比較的明確な
ルールに沿って進められている士業であっても、
AI にとって難しい業務が意外と含まれています。
ということは逆に、人間が AI の得意な部分を利
用して業務を効率的に進めるようになるというの
が、本筋でしょう。

AI 先生は登場するか

　「士業」ではないですが、同じように資格が必
要な「先生」はどうでしょうか。生徒に毎年同じ
内容を教えればよいように思えます。大学では、
最近、MOOC（Massive Open Online Course、
ムーク）というオンライン映像による授業もあり
ます。すべての学生が同じ授業を受けることがで
き、先生たちは同じ授業を繰り返すことから解放
されて、より創造的な業務に時間を割けると、学
生と先生の双方にメリットがあると評価されてい
ます。ただし、こうした方法は、大学のように自
発的に知識や技術を学ぶところではよいですが、
例えば小学校には向かないでしょう。小学校の先
生には、子供たちの人間的な成長を助け、社会の
一員として行動できるように育てるという大きな

役割があります。そのためには、それぞれの子供の心や特性を理解し、適切な指導を考えなければなりません。これはルールや知識だけではできない仕事です。よって、先生という仕事もなくなることはありません。

小林：なるほど、AIには難しそうなことが、たくさんあるんですね
博士：ルールがはっきりしている士業にも、機械的に進められる部分と、意味をしっかり考えたり柔軟な対処が求められたりする部分があるからのう。ところで、小林さんの仕事はどうなんじゃ？

小林 : 私は営業なので、お客様に我が社のメリットや強みをご説明して、丁寧にニーズに応えるように心がけているだけですけど

博士 : それは、その人や会社に合わせて上手く伝えているということじゃな。相手の状況を理解しているからできることじゃ。そういう仕事はこれからもなくならんよ

小林 : で、でも……

博士 : そうやって不安に感じるのは、AI のことをよく知らないからじゃ。じゃあ、AI とはそもそもどういうものか説明しようかのう

小林 : でも、そのうちロボットが職場に来て、仕事全部やってしまいそうな気がするんですけど

博士 : いやいや。AI は賢く考える機能みたいなもんじゃよ。まぁ、AI というとロボットの絵を使って説明することが多いがのう。この本でもそうじゃが

小林 : んっ。博士、この本って何ですか?

博士 : (ゴホン、ゴホン)何でもない。何でもない。今のは忘れてくれ

— 14 —

AIはロボットじゃない

　「AIは何者か？」の話題に入る前に、AIに対する誤解を解いておきましょう。

　この本の最初に「AIに仕事が奪われるかもしれない」と聞いて、あなたはどのような状況を想像したでしょうか。事務所に行くとロボットが受付にいて、話を聞いてくれる。レストランでは、ロボットが注文を取って、ロボットが料理を運んで来る。厨房を覗いてみたら、そこではロボットが料理をしている。工場ではロボットが溶接したり、ネジを締めたりしている。このように人の代わりにロボットが一所懸命に働いている世界を思い描いた人は、少なからずいることでしょう。

　しかし、AIとはロボットのことではありません。ロボットは、ものを運んだり、作ったり、持ち上げたり……人間が身体を動かすときと同じように、外界に影響を及ぼすことができます。そのため、これがAIなのかと思いがちですが、AIはあくまでも、いろいろあるコンピュータの機能のうちの"知的に考える機能"のことです。AIは表には見えなくて、奥に隠れていることがほとんどです。

最近、AI と言われるものには……

　AI が表に現れにくいものなので、本来は AI ではないものが、AI と呼ばれていることがあります。それをここに整理しておきましょう。

　一つ目は、外界に対して影響を及ぼす働きを持つものです。さきほど話題に上った "ロボット" もその一つです。「何かしよう」と思ったら、目的地へ移動したり、ものを動かしたり、持ち上げたり……物理的な行動を起こさなくてはなりません。それができるのがロボットです。また、声を出して人に話しかけるなど、音声を扱うには "スピーカー" が、映像を見せてわかりやすく説明するには "テレビ画面" が外界へ情報を送り出す装置として必要です。

　二つ目が、周りの状況を認識するセンサです。身の周りには、光、音、温度、振動、触覚で捉える質感や味覚で捉える味などさまざまな情報があふれています。また、紫外線や超音波といった人間には感じることのできないものもあります。人間が感じることのできるもの、できないものに関わらず、専用のセンサで捉えることができます。

　このようにセンサは "何かの現象を観測するも

の"です。だとすれば、インターネットを使った
ときに残る、どのサイトをどう利用したかといっ
た"アクセスログ"や、"買い物のデータ"、"銀
行の利用履歴"を集めているのもセンサの一種と
考えてよいでしょう。

　三つ目が、単なるコンピュータです。例えば、
コンピュータの発達によって、電話はどこでもつ
ながり、通信は速くなり、パソコンに蓄えられて
いるさまざまなデータを検索できるようになりま
した。

　このようなロボットやセンサ、単なるコンピュー
タが、AIの一部だと思われてしまうのは、そこにAI
が深く関係しているからです。例えば、ロボット
が腕を動かすことができるのは、関節の仕組みが
あるからですが、どう動かしたらスムーズかを計
算しているのはAIです。音声を出すのはスピー
カーですが、音にニュアンスを付けるために音の
変化を計算しているのはAIです。また、AIによっ
て効率よくデータ検索できるようになります。ほ
かにも映像を"上手く"見せる、センサで集めた
情報から現在の状況を"判断"するといった部分
にAIが関わっています。AIは、ロボットやセン
サ、コンピュータに賢さを与えているのです。

— 17 —

1日目：我が社に AI がやって来る！

> **小林**：なるほど。AI ってコンピュータの中でも
> 　　　賢い部分なんですね。なら、必ず正解を
> 　　　出してくれるんですよね。期待しちゃい
> 　　　ますね！
> **博士**：そう簡単に結論を出しちゃいかんよ。AI
> 　　　みたいなものに、"お勧め" というのが
> 　　　あるのを知っとるじゃろ？　小林君がお
> 　　　勧めされたものの中で、君の心を射止め
> 　　　るものはあったかね？
> **小林**：たま〜に、あるかな……
> **博士**：そうなんじゃ。AI がどんなに頑張っても、
> 　　　正確にわからんことは結構あるんじゃよ

AI は完璧じゃない

　小林さんと博士が話題にしている "お勧め" と
は、レコメンデーションという推薦機能のことで
す。インターネットを使っていると、自分では検
索していないのに、"お勧め" の情報が表示され
ることがあります。しかし、小林さんはそのお勧
めの内容にいまひとつ満足していないようです。

— 18 —

それは、どのようにして"お勧め"が作り出されているのかを知れば、納得できます。

"お勧め"をするのに使われているのは、まず、小林さんがその買い物サイトでこれまでに何を買ったのかという過去のデータです。さらに、小林さん以外の人の買い物データを組み合わせて、"お勧め"は作られます。そもそもの問題は、"何を買ったか"という情報だけから、その人の趣味や好みが完全に理解できるのかという点です。人間の場合、結婚して毎日一緒にいるパートナーのことでさえ、わからないことだらけだというのに、買い物データだけからその人の深いところまでわかるはずがありません。

ほかにも、コンピュータを使っても必ずしも正確には捉えられない物事はたくさんあります。例えば、天気予報。結構、精度が上がってきていますが、それでもはずれることはあります。ニュースでは「今年は暖冬になりそうです」などといった数カ月先の予測も語られます。こうした予測は、日本のいくつかの場所の気温データや気圧データを使って、かなり緻密なシミュレーションを行って導き出されていますが、やはり完璧ではありません。数カ月後の天候には、遠く海外で吹いた風

の影響もまったくないとは言えませんし、元々、すべての温度や気圧をシミュレーションに使っているわけではないので、未来予測には限界があります。

車のナビゲーションもかなり頑張ってはいますが、渋滞を回避できないことはしばしばです。どこかのセンサから手に入れた渋滞データを分析して、いろいろな要素を計算して、最適な経路を示しますが、そこにも限界があるのです。

コンピュータは速く正しく計算をします。ですからコンピュータの出した結果は、常に正しいと錯覚してしまいがちです。実際には、どんなに頑張っても、正しい答えを見つけられない、あるいはそもそも正しい答えなどないものだってあるのです。AIを使ったとしても、欲しいものを必ず勧めてくれる、予測は必ず当たる、判断は必ず正しい、一番よいものを選んでくれるというわけではないことがおわかりいただけたと思います。

万能なAIはいまだ登場せず

AIは完璧ではありませんし、万能でもありません。つまり、あれもこれも何でもできるというわけでもありません。

例えば、自動運転車ができたからといって、お
年寄りの送迎を従来のタクシーに代わって無人化
できるかというと、そう簡単にはいきません。迎
えに行った先では、お客さんを呼び出すのにドア
の呼び鈴を鳴らさなくてはなりませんし、足の悪
いお年寄りだったら、車に乗り込む際に介助をし
なくてはなりません。目的地に到着したら、運賃
を受け取る必要だってあります。これはみんな運
転手がやっていることですが、AI にやらせると
したら、それぞれの業務を行うものを開発しなく
てはなりません。もし、運転手の役割のすべてを
こなすロボットが開発できれば、問題は一気に解
決しますが、そうでない限りは、AI はあくまで "あ
る機能を果たす道具" でしかないのです。

　身近なものでは、IT(Information Technology)
家電などで私たちはこれと同じような経験をして
います。IT 冷蔵庫はディスプレイが付いた冷蔵
庫で、冷蔵庫の中身を把握して、「こんなものが
あるから、今日はこんなおかずを作ってはいかが」
と推薦してくれる機能を備えていました。これは
たいへん便利ですが、ほかにも冷蔵庫がやってく
れたら便利なのにと思われることは何もできませ
ん。まず、買い物に行ってくれるわけではありま

せんし、買ってきたものを冷蔵庫に入れてくれることもありません。料理を作ってくれるわけでもないし、冷蔵庫の中身の賞味期限もわかっていません。当然、私たちがお腹がすいているかとか、何を食べたいかなんてことをおもんぱかってくれることはありません。台所でのことに限っても、冷蔵庫が何でもやってくれるようになるのは難しいのです。

このようにAIの技術が一つできたら、人間がやってもらえることが一つ増えるだけですから、人間の代わりになれるようになるのは、まだまだ遠い未来の話なのです。

AIって何者？

2日目：AIって何者？

1 AIの知能ってそもそも何？

小林： 博士は私のことを、「AIをよく知らない」と言いましたけど、AIの本体はコンピュータですよね？　そのくらい知っています。何でも正確にできるし、計算も速いですよね。私の仕事のような何かを伝えたり理解したりすることなんて、簡単にやってしまうんじゃないですか？

博士： 確かにコンピュータにかかれば何でもできそうな気になるがの。じゃが実際は、AIができることなんて限られたもんなんじゃよ

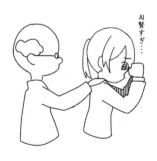

AI賢すぎ…

計算機で扱える知能とは

人間の知能を分類すると

　AI（Artificial Intelligence）をあえて日本語に訳すと「人工知能」になります。人工知能学会によれば、人工知能の開発に携わる人々の中には、「人間の知能そのものを持つ機械を作ろう」とする考え方と、「人間が知能を使ってすることを機械にさせよう」とする考え方の二つがあるそうです。AIといってアトムやドラえもんを思い浮かべるのは、「人間の知能そのものを持つ機械を作ろう」という考え方です。

　では、人間の"知能"とは何なのでしょうか。改めて問われると、よくわからないことに気がつきます。例えば『大辞林』には「学習し、抽象的な思考をし、環境に適応する知的機能のもとになっている能力」と書かれていますが、具体的にイメージできるでしょうか。そこで人間の代表的な知能の働きを次ページのように5段階のグループに分けてみました。

① 記憶、計算、整理……
② 推理、推論、関連づけ、判断……
③ 認知、認識、類別、判別……
④ 理解、読解、想像、経験……
⑤ 感情、創造性、愛、感覚、直感、笑い……

図 知能とは考える力。人間の知能の働きを、AIにとっての難易度で5段階に分けた

記憶、計算、整理

　一つ目を「記憶、計算、整理」としました。人間の知能のうちでも、この部分は電卓でもできます。世界で最初の小型の計算機として知られているのは、1957年に日本のカシオが発売した小型純電気式計算機『14-A』ですから、人工的にできるようになってから、だいぶ経ちます。しかし、電卓をAIだと言う人はいません。確たる定義はありませんが、AIには、単に人工知能というだけでなく、「中に小さな人間でも入っているので

はないかと思ってしまうような、ちょっと高度なことをする」というイメージがあります。

推理、推論、関連づけ、判断

　第一次人工知能ブームが起こった1960年代(次節「『AI』は時代とともに変わってきた」参照)になると、二つ目の段階の「推理、推論、関連づけ、判断」が人工的にできるようになりました。簡単な具体例を挙げると、「りんごは果物」「果物は甘い」という情報を組み合わせて推論し、「りんごは甘い」と言えるようになりました。

このように、コンピュータが人間の知能に近づいてきたのです。

認知、認識、類別、判別

詳細は後述しますが、最近になって、三つ目の「認知、認識、類別、判別」ができるようになってきました。画像や音声の"認識"ができるようになった結果として、写真に写っているものが何か判別できるようになったり、音声を平仮名に書き起こしたりできるようになってきています。

一方で、四つ目の「理解、読解、想像、経験」といった"理解"に関わるものや、五つ目の「感情、創造性、愛、感覚、直感、笑い」などの"感情"に関わるものはいまだに手のつけようがないほど難しいままです。つまり、これらの知能はAIが不得意とするところで、逆に人間が得意とするところなのです。

常識データベースが不可欠

さて、「はじめてのおつかい」という番組がありました。子供が一所懸命おつかいをする姿からは、その子の成長が感じられます。おつかいをする子供たちは、だいたい2～4歳なのだそうで

AIの知能ってそもそも何？

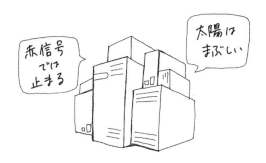

す。では、AIに「おつかい」はできるでしょうか。例えば、「あの角を右に曲がって、100m進むとスーパーマーケットがあるから、りんごを買ってきて」というような指示を実行できるのかということです。

　AIは、三つ目の「認知、認識、類別、判別」ができるようになってきているので、"角""スーパーマーケット""りんご"などを認識できます。しかし、四つ目の"理解"ができないため"曲がる"という行為を"理解"できません。これでは、おつかいはできそうにありません。

　また、人間の"理解"には、「感情や状況、ストーリーなど意味や概念を理解すること」と、「単に、

物体の並び方や個数、動きや順序など現実世界の事実の説明を理解すること」の2種類あります。前者は、会話文からこの人は "悲しい" のだと察したり、何らかの行為に対してそれは "大事" なことだと意味を伴って理解したりすることです。一方、「説明の理解」は、さきほどのおつかいの例での "右に曲がる" "100m 進む" といった位置や空間に関して説明されたものを理解することです。おつかいをするには、複雑なストーリーや背景を理解する必要はありませんが、説明された内容は理解しなくてはなりません。

　説明された内容を理解するためには、世の中の法則や言葉の意味など、人間が考え理解している一般的な知識を盛り込んだ「常識データベース」が必要だとされています。ここで言う常識は、"椅子は人が座るもの" とか、"人は転んだら痛い" といったものです。AI を搭載したロボットがおつかいに行くとしたら、"道路とは何か" "前に進むとはどういうことか" "買い物とは何か" といった、実際の行動やモノと言葉の対応ができていなければ、頼まれたことを実行できません。さらに、人間が説明することを何でも理解できるような AI を作ろうと思ったら、世のすべての「常識」

を集めた巨大な常識データベースが必要になります。人間は、その成長過程で経験からこういった常識を身に付けますが、AIはそれができないので、一つひとつ人間が教えなくてはなりません。膨大な常識をどのようにAIに教えるかは大きな問題です。

　現状、AIが活躍する範囲がごく一部の家電や、コールセンターの電話の受付などに限られるのは、常識データベースが整わず、人間の説明を理解することが難しいことが原因の一つです。

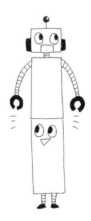

2日目：AIって何者？

2 「AI」は時代とともに 変わってきた

小林：なるほど。AIは進歩しているとはいって
　　　も、まだ、人間の知能が全部できるわけ
　　　ではないんですね
博士：そうなんじゃ。しかも、「何ができれば
　　　AIだ」と言ってよいのか、決まりがある
　　　わけではないんじゃ。そもそも「AI」と
　　　呼ばれるものは時代時代で変わってきて
　　　おるしのう

人間社会とAIの歴史

人間の言葉を認識するスピーカー

　最近、AIスピーカーが話題です。Google、
Amazon、SONYなどのインターネット関連会社
や家電メーカーが次々に発売しています。AIス
ピーカーはこちらからの問いかけを認識できま
す。ここがAIと呼ばれる所以です。これまでは

— 32 —

キーボードから入力していましたが、「メモしておいて」「調べて」と話しかければよいのです。特に子どもやお年寄りには助かりそうです。

かつて日本語のかな漢字変換ソフトが AI と呼ばれたことがありました。昔は、かな漢字変換がコンピュータにはできない高度な作業で、画期的なことだったため、AI と呼ばれたのでしょう。また、Google の検索エンジンが AI と言われたこともありました。「AI」とは、各時代で、人間にしかできなかった知的作業を、格段に短い時間や小さな労力で片づけてしまえる、高度な技術に対して使われていたのです。

人工知能学が確立するまで

今、世間では、AI の第三次ブームが到来していると言われています。ということは、これまでにも「AI」が存在していたというだけでなく、"すごいことをやってくれそうだ" と注目されたことが二度あったということです。

人工知能とは、「人が知能によって成しうることを、コンピュータプログラムで実現しよう」という情報技術の取組みだということは2日目の「人間の知能を分類すると」のところですでに説

明した通りです。そして、この「人工知能」という言葉が誕生したのは、1956年の夏に行われたダートマス会議でのことでした。

マサチューセッツ工科大学のビーマン・ミンスキーは、以前から、人間の思考や記憶などをコンピュータでシミュレーションする研究を自分では「人工知能」と呼んでいました。しかしそのような学問領域がなかったため、人工知能の研究者は、数学や物理学、情報科学、心理学などに分散していました。これをまとめる必要を感じたミンスキーは、ダートマス大学数学科の教授であったマッカーシーに相談し、新しい学問領域を立ち上げるための資金をロックフェラー財団に求める

ことにしました。支援を受けられることになり、1956年の夏にダートマス大学で人工知能カンファレンスが開催されました。集まったのはたったの10人で、まるでゼミの夏合宿といった雰囲気だったと伝わりますが、ここで現在の人工知能に関する問題のほとんどすべてが議論されたと言われています。

　こうして、それまで人造脳、人造知性などと呼ばれていた、機械やコンピュータでシミュレーションされた知性が、「人工知能＝AI」と呼ばれることになりました。これにより人工知能学という学問分野が成立しました。

冷戦と第一次AIブーム

　ちょうどダートマス会議が開催された頃、コンピュータによる「推論」や「探索」が可能になり、特定の問題に対してなら答えを出せるようになってきていました。この技術的な進歩によって、AIへの期待が高まり、第一次ブームが起こりました。冷戦下の米国は、他国の情報を探る必要に駆られ、自然言語処理による機械翻訳の開発に力を入れました。しかし、当時のAIは迷路の解き方や定理の証明のような単純な仮説の問題を扱う

ことはできても、さまざまな要因が絡み合った現実社会の課題を解くことはできなかったため、世の中の AI への期待感は薄れ、第一次ブームは終わりました。

エキスパートシステムと第二次ブーム

　1980 年代に入り、第二次ブームが起こりました。人間が「知識」を与えることで AI が実用的な水準に達し、特定の分野に限れば、それを専門にしている人間と同じような能力を発揮できる「エキスパートシステム」が開発されました。当時、コンピュータが必要としている情報は、まず人間によってコンピュータが理解可能な内容に記述し直されて与えられていました。この手続きが必要だったため、世の中にある膨大な情報のすべてをコンピュータに与えることは到底無理でした。その結果、特定の領域だけの常識データベースを備えたエキスパートシステムが誕生したのです。こうした限界から、AI は 1995 年頃から再び冬の時代を迎えました。

ビッグデータと第三次ブーム

　第三次ブームは、2000 年代から現在まで続い

「AI」は時代とともに変わってきた

ています。このブームの背景には、「ビッグデータ」と呼ばれている大量のデータが使えるようになったことと、計算機の能力の向上によって、大量のデータから音声や画像を認識するための判別ルールを自動的に学習する深層学習(ディープラーニング)などの「機械学習」の技術が発展したことがあります。これによって写真の中に何が写っているかを判断したり、音声を文字に起こしたり、外国語を自動的に翻訳することができるようになりました。その精度は、一部、人間を上回るほどになってきています。

2日目：AI って何者？

> **博士：**「AI って何かをやってくれそうだ」って期
>   待できそうかね？
> **小林：**"考える機能"ってことでしたよね？
> **博士：**そうじゃな。世の中が AI に対してどんな
>   期待をしているか知っておく必要があり
>   そうじゃのう

世の中の AI への期待

こんな風に使えそう

　AI はビジネス界で注目されていますが、一体、
どんなことをさせたいと考えられているのでしょ
うか。

　①まずは、「未来予測」です。AI を使って、将
　　来はこうなるだろう、こんなことが起こるだ
　　ろうという未来を予測したいのです。という
　　のも、この予測に対して前もって対策を打ち
　　たいからです。工場の機械が故障しそうだと
　　予測して、警告を出す。世の中がどのように
　　動くのかを予測して経営の方針を決めたり、
　　株価が上がるのか下がるのかの予測から上手

－ 38 －

に投資をしたり……。このように未来予測が可能になれば、今より便利になったり、不安が軽減されたりすることはたくさんあります。しかし、AI は神様ではありませんから、何もないところから未来を予測することはできません。天気なら、これまでに蓄積されたデータや、天気は西から東に変わっていく、地表面の温度が高いと雲ができるなどといった経験則を基にシミュレーションします。機械の故障も、今までに故障したときの前兆から予測しています。

②また、「最適化」ができるという期待もあります。最適化とは、一番よいものを選んだり、一番よい状態にしたりすることです。具体的には、小林さんの勤める運送会社であれば、効率的なトラックへの荷物の積み込み方や、どのトラックがどの家に行くのがよいのかといった配送経路に最適化の考え方が使えます。また、工場での温度制御や、ロケット打上げの際のエンジンの吹かし方、複数のエレベータの運行の仕方などは、最適化するとよいでしょう。労働力軽減や使用燃料・電気の節約といった省エネルギーにつながります。

③三つ目が「評価」です。よいのか悪いのかを判断することです。評価はすでに、ハードディスクといった割と小さいものから、工場の機械設備といった大がかりなものまで、さまざまなものに対して行われています。ものは使っていればいつか必ず壊れます。買替えやメンテナンスの時期を知るためにも、"どのくらい壊れずに使い続けられるか"といった耐久性が評価されています。製造業なら品物がどのくらい売れそうかといった評価も重要でしょう。

　また、インターネットのページは Google によってランキングが付けられています。これは、ページを利用した人の数や内容がしっかりしているか、リンクがたくさん張られているかといった情報を組み合わせて評価して、重要なページが検索結果の上位に出てくるようにしています。カラオケで点数を付けるのも評価の一つです。景気のよし悪しを評価する景況判断では、現状でも、世の中のいろいろなデータを基に計算して、経済状態を割り出しています。このようなところで AI が使えるようになれば、より大きなデータに

ついてより速く計算できるようになります。ほかには、顔を見てそれがどのくらい笑っているのか、声を聞いてそれがどのくらい怒っているか判断するのも評価です。将棋や囲碁の盤面のよし悪しの評価もあります。

④より精密なシミュレーションも期待されています。すでに説明しましたが、天気予報は、気温や気圧、湿度、風向きなどのデータをいろいろな場所から集めて、これを基にシミュレーションします。その結果は、①の未来予測になります。シミュレーションは、原理原則のある事柄について"こういうことをしたら何が起こるか"を検証するものなので、必ずしも未来予測というわけではありません。例えば、自動車が走行中に受ける風は、走行速度や車体の形状などに関係する原理原則に従って変化します。どのような風を受けるかで、自動車は燃料が余計に必要になったり、横転の危険が生じたりします。そこで風洞と呼ばれる、人工的に風を起こす装置に自動車を入れて、風の影響を検討し、その結果を設計に活かします。このような風洞実験は最近、シミュレーションで行えるようになっていま

す。そのほかシミュレーションが活躍できる場面は、単純な人間の移動の流れや渋滞予測から、ファイナンシャルプランナーがやるような人生とお金の動きの予測、薬の候補物質と体内のタンパク質とがくっつくかといった検討に至るまで多岐にわたります。薬の場合は、シミュレーションであらかじめ上手く効きそうな薬の候補物質を知ることで、効率よく薬の開発を行えます。

⑤分析と可視化も挙げておきましょう。人はデータから意味を読み取り理解するのが得意です。しかし、データがものすごくたくさんあったり、複雑だったりすると全体を把握できないために理解できません。そこでコンピュータの分析と可視化の機能の助けを借ります。例えば、どの学校の子供の成績がよいかを調べるのに平均と分散を計算します。これは簡単な分析です。子供の数が多すぎて、一見しただけでは、何の意味も読み取れない場合でも、数値に変換して分析すると意味が見出せるのです。ほかにも、膨大な数のツイッターから、今、ホットな話題は何なのかを分析によって明らかにできたり、客層の分析か

ら経営状況を把握したりできるでしょう。こうした分析はこれまで人の手でやられていましたが、AIがやることになれば、もっと大規模なデータをもっと速く分析できるようになります。

　そして分析結果をわかりやすく表示するのが可視化です。読んで字のごとく、目に見える形で示すことです。円グラフにするのか、日本地図にプロットするのか、映像にするのか、データや分析結果に適した表示方法を使うのがポイントです。例えば、どの辺りが混雑しているかを分析した上で、それを地図上に示すことで交通状況は手に取るようにわかるようになります。一方で、分析を伴わない、単なるデータのプロットも可視化です。天気に関連するものに、日本地図上に、温度が高いところを赤く、雨が降っているところを青く、風向きを矢印で表示する可視化があります。分析したわけでなく、単に可視化しただけでも、温度や降雨量を数値で羅列していてはわかりにくかったデータが、格段に把握しやすくなります。

AIが期待されているであろうことを五つ挙げてみました。最初の四つはAIがすべて自動的に考えてくれることですが、最後の一つは、AIが人間の考えや作業を助けてくれるタイプです。AIというと、人間が考えなくても何でも自動でやってくれるイメージがありますが、人間の思考の作業を助けてくれることにも使われるのです。

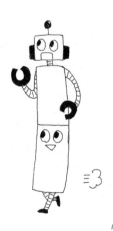

AIを強くするビッグデータ

1 大きなデータという意味ではない

小林：博士、先日のお話で、運送業はなくならなさそうだと聞いて、みんな少し安心したようでした

博士：それはよかった

小林：そうはいっても、AIはすごく注目されていますね

博士：AIに関連する技術がド〜ンと伸びているからじゃ

小林：どうしてそんなに急に伸びているんですか？

博士：5年くらい前にビッグデータってやつが出てきたじゃろ。あれを使い始めたからなんじゃよ

ビッグデータって何?

ビジネス界が注目

　5年ほど前から、特にビジネス界で、ビッグデータが盛んに取り上げられるようになりました。ビッグデータとは、ビジネスで役に立ちそうな、今までなかったタイプのデータのことを指してきましたが、実際のところは、明確な定義があるわけではありません。

　これまで、データを集めるというと、調べたいことがまずあって、それを人力で調べてデータ化する、コストのかかるものでした。それが、インターネットやSNS(Social Networking Service)の登場、センサ類の発達、世の中のIT化によって、一部のデータは自動的に集められるようになってきました。例えば、インターネットの検索キーワードやオンラインショッピングの履歴、SNSの書込みなどは、そのサイトを運営する会社のコンピュータに自動的に蓄積されています。また、工場などでは、さまざまなセンサを使って、機械などの温度や振動を常に計測して、安全や効率性の管理をしていますが、そのデータもまた、コン

ピュータに蓄積されています。監視カメラは映像データを、GPS(Global Positioning System)センサは人の移動のデータを絶え間なく作り出し、それらはデータセンターに送られています。ほかのビッグデータとしては、過去の将棋や囲碁の対局を記録した膨大な棋譜データなどがあります。

　また、カルテや処方箋も医療分野の重要なビッグデータです。これらのデータを解析すれば、どんなタイプの人が、何歳頃にどんな病気にかかりやすいか、発症した場合はどんな薬が効くかなどを予測できるようになるかもしれません。遺伝情報や生活習慣情報と連携させれば、予測の精度はさらに上がるでしょう。医療分野のビッグデータ活用は今後ますます盛んになり、医療に対する私たちのイメージは、大きく変わることになるかもしれません。

　このようにデータを使って何かできるのではないかと考える人が現れ、これらのデータをビッグデータと名づけたことにより、ビジネス界が注目するようになったのです。

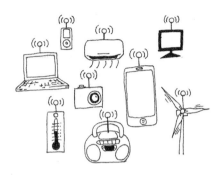

正確で詳細、大容量のデータ

　では、ビッグデータとはどのような特徴を持ったデータなのでしょうか。例えば、人の移動に関するデータを例に考えてみましょう。昔は、移動データを集めるのに、アンケートを行っていました。コストがかかるため、こうしたデータは、それほどたくさん集めることはできませんでしたが、ちょっと見ればその人が何をしていたかすぐにわかる "意味の取りやすいデータ" でした。

　今は、移動データを GPS で取れるようになりました。その結果、個人の移動経路が "正確" かつ "詳細" に手に入るようになりました。ただ、

いくら正確で詳細でも、ここで何をしていたのか、何の目的だったのかといった意味の情報をまったく含んでいません。GPS センサで集めたデータは、比較的安価で、大量に手に入るけれども、その意味をつかむのは難しいのです。しかし、GPS のデータが、正確で詳細で大容量という、従来のデータにはない特徴を持ち合わせていることはたいへん重要です。この特徴を活かせば、例えば、人間の無意識の行動や、集団としての振舞いなど、アンケートなど従来の小さくて粗いデータでは知りえなかったことが、わかる可能性があるのです。このように、データから「想像もしなかった役に立つ価値あるもの」を見つけ出すことが、「マイニング」（あるいはデータマイニング）と呼ばれ、ビッグデータ黎明期には盛んに注目されていました。

意味が隠れている

　ある化学工場を例に考えてみましょう。化学工場では、温度上昇は危険につながるため、反応容器の温度を常に計測しています。従来は、ある温度を超えたら、とりあえず "ブーブー" と警告音を鳴らすように設定していました。この設定には、

工場で行われている化学反応が"危険な状態になる手前"や"機械が耐えられる限界"などといった根拠があります。しかし、そもそも工場の安全を考えたら、温度を上げたくないので、温度上昇の予兆を捉え警告音を鳴らしたいとしましょう。

　そのためには温度を継続的に記録して、さまざまな温度変化のパターンを見る方法があります。このように温度をモニターすると、温度上昇が始まる前に起こる温度変化のパターンを見つけることができます。そうすれば、温度が上昇する前に対策を打つことができ、そのときに製造していた

製品をだめにせずに済んだり、工場を大がかりに止める回数を減らせたりします。その結果、生産性を上げられるかもしれません。

　もう一つ、インターネットの検索履歴についても考えてみましょう。個々人の情報を見ると、何を検索したのかがわかり、その人の興味や目的がうっすらと感じられます。このような個々人の情報が大量に集まれば、世の中でどういう検索をする人が多いのかがわかります。それだけでなく、検索ワードとして明るい言葉が多いか、暗い言葉が多いかを見れば、世の中の雰囲気も推測できるでしょう。今注目されているのが政治なのか、経済なのか、料理なのかという全体的な傾向もわかるのです。

センサの進化

　ビッグデータを作るセンサも活躍しています。センサは、単純な事柄を"正確"にかつ"リアルタイム"で計測します。例えば、あるスマートフォンアプリは、ユーザの今いる場所をリアルタイムで調べ、この位置情報と時刻表や交通状況を自動的に組み合わせて、"こっちに行った方が早い""あと3分で電車が来る"といったナビゲーショ

ンサービスを提供してくれます。

　化学工場の温度変化やインターネットの検索履歴の例のように、ビッグデータの中の隠れた「意味」を明らかにして利用することや、センサでリアルタイムに計測したデータに基づいて、その場その場に必要なモノを提供していくことなど、今までできなかったサービス、管理、安全や災害の対策が、ビッグデータとセンサの進歩によってもたらされます。

小林：そういえば、何年か前から、ニュースとかでビッグデータ、ビッグデータって盛んに言われてましたよね。データが大きくて何なんだろうって思っていたんですけど、そういうことだったんですね

博士：ビッグデータはAIと違って、ビジネスの世界で盛り上がったからのう

3日目：AIを強くするビッグデータ

データの力

すでに活躍しているビッグデータ

　センサやコンピュータの発達で、商品の売上データや、インターネットのアクセス履歴、企業の業務や人の移動のデータが簡単に大量に手に入るようになりました。今までは部分的にしか見られなかったものが、すべてわかるようになったので、さまざまな分野で「ビッグデータ」として注目されました。AI もこのようなデータを使って発展しましたが、AI が目立つようになったのは、ビッグデータが注目されてから数年後のことでした。AI はデータに対して、複雑な処理をして学習をするので、データが手に入ってもすぐには発展しなかったのです。対してビッグデータは、単にデータを集計するだけでもいろいろなことがわかるので、AI より先に流行したのです。

世界を相手に商売も

　オンラインショッピングのような仮想店舗は、品揃えの多さと家にいながら買い物ができる手軽さが魅力で、利用する人が急増しました。イン

— 54 —

ターネット上では、世界中の商品が、世界中の人たちによって売り買いされています。特に大きなオンラインショッピングサイトは、商品もお客さんも膨大な数で、たいへんなことになりそうです。ところが、商品の売上データやお客さんの買い物履歴のデータは、数は多いものの、パソコンから入力されたデジタルデータとしてしっかり蓄積されているので、これを利用すれば商品やお客さんの管理は自動的にできるのです。その上、どんなにお客さんが多くても、それぞれの人の好みは買い物データからそれなりに把握できます。これを使って、買ってくれそうな商品をお勧めするといった、細やかな心配りまでしています。こうして、オンラインショッピングサイトは成功しています。

交通系 IC カードのデータから見つかったお宝

　Suica や PASMO といった交通系 IC(Integrated Circuit) カードにも私たちの行動履歴が記録されており、記録を集めればビッグデータになります。最近では、駅構内の自動販売機の多くが交通系 IC カードで購入できるようになっています。JR 東日本傘下の飲料の開発を行っている企業が、あ

るミネラルウォーターのリニューアルに当たり、駅構内の自動販売機で交通系 IC カードを使った人のデータを分析してみました。その結果、そのミネラルウォーターは東京 23 区外で朝に購入されることが多いのが明らかになりました。そこで、郊外から都心に通勤する人という消費者像を描き、その裏づけを取るために実際に調査を行ったところ、ペットボトルの蓋を落として困ったという人が約 7 割もいました。そこで、落ちないキャップをリニューアル商品に採用し、売上げを伸ばすことができたそうです。

健康もデータで守る

　遺伝子の情報からどんな病気にかかりやすいかを探る研究は今も盛んに進められていますが、病気の発症は環境、つまり生活習慣とも密接に関係しています。例えば、各種センサの付いたウェアラブル端末を身に付けて、脈拍や心拍数や体温、睡眠時間や歩数などを測定し、スマートフォンと連携させてクラウドにデータを上げて蓄積し、専用アプリで解析して、生活習慣を見直させるといったシステムの開発が、いろいろな企業によって進められています。また、トイレにセンサを付

けて、尿のいろいろな成分を測定し、病気の検出
や予防につなげようという試みもありあす。どん
な成分の変化がどんな病気の前兆なのか、を探る
ことが鍵となります。

> **小林**：そう言われてみれば、私の周りにも自動
> でデータを取る機械が増えてますよ！ 私
> の自転車は、通った場所を自動的に記録
> する機械が付いていますし、心拍数や体
> の動き、睡眠を記録する腕時計もありま
> すよね
> **博士**：そうじゃ。そうじゃ。衛星写真もそういっ
> たデータとして使われとるのう
> **小林**：衛星写真なんて、私はキレイだなって思
> うだけですけど、何か役に立つんでしょ
> うか

社会を動かし生活を変えていく

特徴を紐解くのがポイント

　GPS の位置情報は正確で詳細ですが、実際に

移動経路を見てみると、単に線がぐにゃぐにゃとあるだけで、何をしているのかまったくわかりません。しかし、これを地図に当てはめてみると、どこに行ったかわかります。さらに、その場所にいた時間を見れば、通り過ぎたのか、それとも立ち寄ったのかがわかります。もし多くの人が立ち寄ったのなら、その場所には面白いものがあったのかもしれません。自転車で走った経路を、衛星写真に合わせてみれば、景色のよいところを走っていたのか、街中を走っていたのかがわかります。

例えば、急に速く歩き出す人がいたとしましょう。普通その理由を知るのは難しいですが、気象データと組み合わせて雨が降り出したことがわか

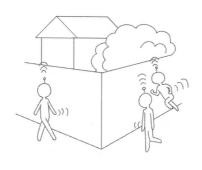

れば、雨を避けるために急いだと推測できるで
しょう。出かけたと思った途端に、家に戻った人
がいたら、その人は忘れ物を取りに帰ったのだと
推測できます。

　こうして得られるデータの「意味」は、ビジネ
スや公共サービスに活かせます。この街に住む人
たちが主にどこを通って駅に向かうかがわかる
と、店を出す場所を考える上で大きな参考になり
ます。また、安全のためにカーブミラーを設置す
る場所を選ぶ際の参考にもなるでしょう。店の改
装を考えるときに、店を訪れる人がどのくらいい
て、そのうち実際に買い物をした人がどのくらい
いるのか、さらに、その人たちの売り場の滞在時
間はどのくらいかがわかれば、それは店舗のデザ
インを考える上でたいへん役に立ちます。

　昔は、こういった情報を入手することはできま
せんでしたが、今は、いろいろなセンサを使えば、
さまざまデータを安価に手に入れることができま
す。こういう容量の大きなデータを上手に解析し
て、意味を持つものを見つけ出せれば、ビジネス
の役に立つというわけです。

2 世の中のことが よくわかる

小林：なるほど、何かよくわからないけど儲かりそうだから、社長が熱心になるんですね

博士：とにもかくにも、世の中の変化に敏感なところは、よいのではないかのう

小林：うちの配送車もGPSを積んでいますから、ちゃんと調べれば、ドライバーさんのお仕事がどんな感じかわかりますね。私はこれを参考にして、みんなが仕事しやすいエリヤ内でお客様が増えるように営業すればいいんだわ

博士：そういう考え方は、とてもいいのう。使い方をしっかり考えれば、ビッグデータは商売だけじゃなく、社会問題を解決する糸口を見つける力もあるんじゃよ

ビッグデータの可能性

全体を知り、実状を明らかに

テレビ、新聞、週刊誌。こうしたメディアには、取材によって得られたさまざまな事実が掲載されます。その中には、「働きすぎのブラック企業が

増えている」といった社会問題を提示する記事も
あります。このこと自体は事実であって、解決し
なければならない重要な問題ですが、この記事か
らは、世の中にどれほどブラック企業があって、
そこで厳しい働き方を強いられている人がどれほ
どいるのかといった、問題の規模や一般性は読み
取れません。このように "一点の事実" だけを報
告して、その積上げで社会全体を伺い知るのは難
しいことです。政府などの調査でも、見かけ上の
労働時間など表面上のデータはわかっても、始業
時間よりずっと早く来ている、などの実態はわか
らないでしょう。

　GPSデータを調べれば、人々がいつ家を出て、
いつ帰ってきたのかがわかります。もし、プライ
バシーの問題を置いておいて、携帯電話会社の
データから人々の出かけている時間の統計を出せ
れば、働きすぎだと思われる人たちの数が実際に
どのくらいなのかわかるでしょう。これは、政府
が働き方に関する政策を考えるときにたいへん参
考になります。

　では、GPSデータが、従来のデータに対して
優れている点は何でしょうか。今まで、労働状況
を知るには、企業にアンケートを実施するなど、

大がかりな方法しかありませんでした。人によっ
て答え方や基準が変わるものを答えてもらうのは
難しいので、労働時間のような、誰が答えても同
じように答えられることの調査になります。たい
ていは、一部のアンケートから得られた結果から、
日本全体の状況を推測することになります。GPS
などのデータを活用すれば、非常に多くの人たち
のデータが簡単に取れるのです。ただ、現時点で
は GPS データは個人情報なので、こうした公共
的な利用を目的にしていても、公開されることは
ありません。もし安全にデータを提供できるよう
になったり、秘密をしっかり守れる人が作業をす
るような仕組みが作られたりすれば、状況は変わ
るかもしれないという、仮定の話です。

少数派が見えてくる

　"社会の実状が明らかになる" というのは、"大
多数のことがわかる"というだけではありません。
同時に、"さまざまな人たちの実状" も知ること
ができます。

　例えば、日本の行政サービスは、平日の昼間働
いている人たちを中心に設計されています。しか
し、実際には、休日働いている人や、夜働いてい

る人もいます。こういった大多数ではない人たち
に対応しようと思ったら、まず、この人たちの実
状を知らなくてはなりません。

　では、どうしたら少数派とされる人たちのこと
を知ることができるでしょうか。わかりやすく、
病気を例に考えてみましょう。インフルエンザは
多くの人がかかる病気なので、インフルエンザの
ことを調べるのは簡単です。一方で、10万人に
1人しか発症しない難病は、症例を数例集めるの
もたいへんです。しかもやっと集めた数例のデー
タを調べても、この病気の人すべてに適用できる
治療法を見つけるのは難しいでしょう。もし、日
本の全人口 "1億2700万人の病歴" という大量
のデータを自動的に調べられたらどうでしょう
か。たとえ10万人に1人の難病でも1200例以
上の症例が得られます。これだけデータを集めら
れれば、少数しかいない珍しい病気の人のことも
細かく調べられます。

3 データを調べ、知識を得るために

小林： なるほど。上手に使えばビッグデータからいろんなことがわかるんですね！

博士： そうなんじゃ。いろんなことが便利になるじゃろうし、困っている人に手を差し伸べやすくなるのう

小林： 本当ですね。で、このビッグデータと AI は、どう関係しているんですか？

博士： それはのう、データから知識を学ぶ機械学習という技術が進歩して、ビッグデータを AI の精度向上に使えるようになったんじゃよ

今、注目の技術

機械学習

データ解析には昔から統計の手法がよく使われてきました。皆さんよくご存知の「平均」や「分

3日目：AIを強くするビッグデータ

布」といった尺度を使って、どういうデータなの
か、何故こういうデータの数字が出てくるのかを
理解する方法です。統計は、単純な仕組みを当て
はめて物事を理解しようとするものなので、身長
や体重のような、どんなところでデータを取って
も、データのばらつき方が単純な形をしているも
のを扱うのが上手です。しかし、人間の書く文字
の形のような複雑なデータを紐解くのには向きま
せん。複雑なデータには、機械学習の方が向いて
います。

　統計は「分布」「モデル」といった仕組みをデー
タに当てはめることで、少ないデータからでも上
手に意味を取るための技術です。一方、機械学習
は、大量のデータを使うことで、分布やモデルに
頼らずに、直接的に判別ルールを見つけ出します。

　例えば、最近の手書き文字認識には機械学習が
使われています。大量の手書き文字のデータを
使って、「あ」の文字に対応するパターンは、あ
りうるすべての画像パターンの中でどの辺りにあ
るのか、「い」の文字に対応するパターンはどの
辺りにあるのかを調べ、両者の境目がどこなのか
を簡単なルールや数式で記述しています。もし、
手書き文字認識に統計を使うと、人間が「あ」の

文字を書くとき、その形はどのように分布するのかを明らかにしないと、文字を認識できません。しかし機械学習は、たくさんのデータから、「『あ』の文字の範囲はこの辺り」という判別ルールを学習するので、たとえ分布の形状を推定しなくても、文字が認識できるのです。そこが機械学習の強みです。

ディープラーニング（深層学習）

　機械学習の一つにディープラーニングという最近注目の学習法があります。ディープラーニングは、ニューラルネットワークという学習の仕方を発展させたものです。ニューラルネットワークは、脳の情報処理の仕組みをコンピュータ用にアレンジしたものです。

　例として、人間が "こけし" を見たときに、脳がどのように "こけし" だと認識するのかを考えてみましょう。人間の目がこけしを見たとき、脳は、いきなり "こけし" を認識するわけではありません。脳内には、丸や四角などいろいろな "形" に反応するニューロンがそれぞれあります。"こけし" は、頭部の丸と体の円柱でできています。さらに、頭部の丸い部分には、目玉や髪の毛など

3日目：AIを強くするビッグデータ

の模様が描かれています。

　目がこけしを捉えたとき、脳の中では、丸い形に反応するニューロンが頭部の丸に反応し、目玉の模様に反応するニューロンが目玉に反応し、髪の毛の形に反応するニューロンが髪の毛に反応します。さらに、この三つのニューロンが反応したときに反応するニューロンがあって、これが、"頭だ" と反応するのです。また、円柱に反応するニューロンが、体の円柱部分に反応します。さらに、丸と円柱が隣り合っているときに反応する、別のニューロンが反応して、ようやく "こけし" があるなと認識します。

　人間の脳は、このようにいろいろな形に反応す

データを調べ、知識を得るために

るニューロンが "階層的" につながっています。これをコンピュータ用に焼き直したのがニューラルネットワークです。

では、実際にコンピュータがニューラルネットワークで画像を認識する場合を考えましょう。写真の画像はたくさんの画素で構成されています。一つの画像は 1000 × 1000 といったたくさんのマス目に分かれていて、それぞれのマス目に個別の色が付いています。ニューラルネットワークは、まず、この画像から、丸くなっているところ、線があるところ、白から赤に色が変わるところなど細かい部分を抽出します。そして人間の脳と同じように、これらの細かい特徴を組み合わせて全体像を認識します。

このニューラルネットワークのアイデア自体は 1950 年代後半にはできていましたが、この頃はまだ計算機が遅かったため、複雑なネットワークを調整することができず、階層の低い簡単なニューラルネットワークで、丸や四角といった簡単な図形を認識するのがやっとでした。画像を認識するような複雑なことをやろうと思ったら、人間の脳のような複雑で階層の多いニューラルネットワークを作らなくてはならず、それを人間の手

3日目:AIを強くするビッグデータ

で調整するのは到底無理ですし、簡単な計算で求めることも不可能です。

ところが最近、計算機の能力が向上して、50階層、100階層でノードが100万点以上あるようなニューラルネットワークでも、コンピュータで自動的に調整できるようになってきました。さらに、インターネットを探索するなどして、大量の写真データが手に入るようになりました。大量の人の顔の写真を使うことで、どんな人の顔にもちゃんと反応するようなニューラルネットワークを自動的に設計できるようになったのです。

データを調べ、知識を得るために

> **小林：**なるほど。今の AI って機械学習なんで
> すね！
> **博士：**確かに、今最も目立っているのは機械学
> 習じゃの。ただ、データを調べる方法は
> ほかにもいろいろあるのじゃ

データ解析技術を一言で

「教師あり学習」と「教師なし学習」

　AI だって、知らないものを認識したり、予測
したりはできません。前に紹介した機械学習は、
データから直接的に、認識したり予測したりする
ためのルールを見つけ出します。見つけ出すこと
を AI の言葉では学習と言います。中でも、ディー
プラーニングでは、細かい特徴を組み合わせて全
体像を認識するためのルールを学習します。こ
のように AI がどのように賢くなるかは、与えら
れたデータをどのように "解析" するかによりま
す。ここでは、データの解析技術について見てみ
ましょう。

　AI の学習法には、「教師あり学習」と「教師な

し学習」があります。教師とは、手本となるもののことなので、「教師あり」とは与えられたデータに、"これがよいこれは悪い"、または"これが正しいこれが間違っている"といった評価が与えられている場合です。「教師なし」とはデータがあっても評価が明らかでない場合のことです。

　手書き文字の認識の学習で、ひらがなを認識したいときには、まず、いろいろな人の手書き文字の画像データを用意します。各画像に何が書いてあるのか人間にはわかっているので、その「正解」をデータにしてAIに学習させます。これを「教師あり学習」と呼んでいます。一方、古代文字のように、文字は書いてあるけれど、何が書いてあるかはわからない場合に、それでも何かを調べようというのが「教師なし学習」です。つまりまったく知らない外国語を学ぶようなものです。この場合、何が書いてあるかわからないので、「この字とこの字は似ている」とか「横棒2本や星形を部品として持つ文字が多い」「丸みを持った文字と角ばった文字に分けられる」などの特徴を見つけ出すのに使われます。

統計、可視化、データマイニング

　手書き文字認識の目的は、例えば、スマートフォンで手書き文字を入力したときに、その文字が、「あ」なのか「い」なのかを認識したり、当てたりすることです。最初に、まっすぐの線を書いて斜めの線を書いて……といったように "文字がどのように書かれたか" まで理解したいときと、そうではなく単に何が書かれているかだけわかればよいときがあります。書き順までわかれば、文字認識の精度は上がりますし、書く人の癖もわかるかもしれません。このように、そのデータがどのように作られたかを考えたものが「生成モデル」です。世の中のものが同じ仕組みでできているとすれば、ばらつき方も同じようになるので、例えば身長や体重、不良品の発生割合や天気予報の確率などのばらつきも推測できます。このように、そのデータがどのようにして作られたかの生成モデル（分布と呼ばれることもあります）を導き出す技術が「統計」です。

　人間も文字を認識するときには、その文字がどういう線で構成されているのかを認識して、何の文字が書いてあるかを理解します。こうして文字

の形や書き方を知っているから、ほかの人が書いたいろいろな形の文字を認識することができるのです。統計も同じように生成モデルを学習することで、少ないデータから予測や認識ができるようにしています。しかし、実際には手書き文字の画像だけからでは、どのような書き順で書かれたかまで知るのは難しいことです。ですから通常は、書き順まで調べることはあきらめて、単に何の文字が書かれているかを当てるだけにしています。このように「生成モデル」はある程度わからなくてもよいので、直接的に答えだけ知ろうというアプローチが機械学習です。機械学習では、生成モデルが複雑なものや見当の付かないものにも使えます。また、生成モデルを作る手間がかからないので、とりあえず簡単に学習ができます。ただし、生成モデルがない分、精度が落ちます。それを、データを大量に使うことでカバーしています。昔はデータが少なかったので統計を使うしかありませんでしたが、今は大量のデータが手に入るようになったので機械学習が盛んになってきています。

　これに対して、お手本がない「教師なし学習」では、文字を見つける、調べることが目的になり

ます。例えば、読み方のわからない古代文字で書かれた文章がたくさん見つかったとします。その文字を研究するときに、「横線が3本ある文字がいくつあるか」を知りたければ、条件に合う文字を一つひとつ解析して、条件に合うものを数えればよいでしょう。しかし、文字の種類が多ければ、一体この文字のグループがどのような特徴を持っているのか調べるのは難しいでしょう。角ばった形が多い、星形が多い、丸っぽい文字と角ばった文字に分かれる、いくつもの文字に使われる共通部品がある、といった特徴があらかじめ予測されていればよいですが、そうでなければ、まず文字をつぶさに見てどのような特徴がありそうか、仮説を立てなくてはなりません。このようなときに使うのが、教師なし学習です。教師なし学習では、こういった特徴を探したいと指定しなくても、どういった特徴を持っているか全部探し出したり、たくさんの文字をいくつかのグループに分けたり、ほかの文字には見られないような特徴を自動的に探し出したりすることができます。ただし、見つけた特徴にどういう意味があるのか、どれくらい重要なのかは分からないので、ちょっとでもほかと違うところは全部見つけるということにな

3日目：AIを強くするビッグデータ

ります。

このような教師なし学習は未知の古代文字でなくても、例えば日本語の漢字でも使えます。縦線が多いのか横線が多いのか、縦線横線の組合せはどうなっているのか、丸い部分が入った字はどのくらいあってどのように関連しているのか。このようなことを自動的に見つけられます。実際の社会でも、正解がわからないものはたくさんあります。例えば、スーパーマーケットでどのようなお客さんが来ているのか、商品がどのように売れているか。こういったことを調べるときには、教師なし学習を使います。お客さんに男の人が多いか、女の人が多いかは調べればすぐにわかります。しかし、「冬には鍋の材料を買って、夏にはバーベキューの材料を買う人が多い」とか、「国産の野菜にこだわるが、インスタントラーメンもたくさん食べているお客さんのグループがある」といったことは、最初からわかっているわけではないので、調べようがありません。スーパーマーケットのお客さんがどういうグループに分かれて、どういう買い物をしているか。鍋の材料のように一緒に買われている商品は何か。周期的に買われている商品は何か。そういったことは、あらかじめ見

当を付けることができないので、教師なし学習で自動的に調べるのです。

　教師なし学習の中には、「データマイニング」と「可視化」があります。データマイニングはデータの部分的な特徴を見つけるもので、「鍋材料を買うのが好きなお客さんのグループがある」とか「ヨーグルトとポテトチップスを一緒に買う人が意外に多い」といったお客さんや商品の中でも部分的な特徴を見つけます。対して可視化は、データの全体的な特徴をつかみたいときに使います。スーパーマーケットのお客さんを買い物の傾向からいくつかのグループに分類して、それぞれのグループとの関連性と一緒に画面上にネットワークの形で表示します。甘いものと辛いものの購買量や肉と魚の購買量の比較をするために、各お客さんのデータを2次元上にプロットするといったことをします。データマイニングも可視化も、コンピュータがすべてを考えてくれるものではなく、人間の考えや発想を助けてくれるツールなのです。

AIでできるようになったこと

4日目：AIでできるようになったこと

1 自然言語処理、音声・画像の認識

小林：最近のAIの発達には、データとコンピュータの発達が不可欠だったんですね！

博士：その通りじゃ

小林：このままいろんなデータが揃うようになったら、何でもわかるようになりそうですね！

博士：ところが、AIもデータを使えば何でもわかるというわけじゃないんじゃよ

上手なこと、難しいこと

猫がわかる

AIが複雑な画像を認識できるようになったことは、2012年6月にニュースでもセンセーショナルに報じられました。このとき、ディープラーニングによって、写真から猫の顔が認識できるようになりました。ディープラーニングを行うには、大量の画像が必要です。そのような写真を集めるのはたいへんなので、インターネットにある写真を使うことにしたのですが、最も手軽にたくさん手に入った画像が猫だったわけです。非常にたくさんの猫の写真データと、大量のコンピュータを使って、猫を認識することに成功しました。ということは、ライオンのように画像の数があまり多くないものは、やはり今でも認識するのは難しいのです。

猫の画像の例のように、ディープラーニングで画像認識が可能になってきています。ほかでは音声認識もかなり上手になっています。ディープラーニングは、音声などの1次元のデータと画像などの2次元のデータを得意としています。

4日目：AIでできるようになったこと

ディープラーニングで認識するには、前に出てきたこけしの例のように、部分の認識から始まり、部分と部分との関係性を組み上げることで、最終的に、こけしという全体を認識します。このとき、離れた部分との関係も考慮しなくてはならないと、部分と部分の組合せがあまりにも多くなってしまい、組合せを計算するのにたいへんな時間がかかってしまいます。音声や画像の認識では、あまり離れた部分が関係し合うことはありません。

猫の画像で言えば、細かい特徴が組み合わさって、猫の目や口やヒゲといった部分が構成され、これらが組み合わさって猫の顔ができています。目を形づくるパーツは、目の部分だけ見れば十分で、手や足の様子を見て目の形を認識することはありません。つまり、目やひげなどの各パーツを認識するためにごく限られた範囲の組合せしか見ないでよいので、階層の多いネットワークでも計算できるのです。

時間的、空間的に離れているものが苦手

　部分と部分の関係性を見出そうとしても、離れているために、ディープラーニングでは扱えないケースには、どのようなものがあるでしょうか。例えば、大量のインターネットの閲覧履歴から、"人々の検索の癖"を知ろうとするケースが挙げられます。海外旅行をする際に、多くの人がインターネットでホテルの情報を検索します。この人たちは飛行機の情報も検索して予約するはずです。ですから「ホテルを検索した人は飛行機も検索する」といったインターネット検索の癖が見出せそうだと、人間は予想します。ところがディープラーニングでこの癖を見抜くのは難しいので

す。というのも、人々がホテルを検索した直後に飛行機について検索するとは限らず、ニュースを見たり、動画を見たり、あるいは後日検索するかもしれないからです。ホテルの情報の検索と飛行機の情報の検索の関係を、何も知らないところから新たに見出すためには、時間的に離れたホテルと飛行機の情報の検索の間に検索されたすべての物事との関係性を一つひとつ調べなければならないからです。それには途方もない計算時間がかかります。

　工場の機械の故障予測についても、同様のことが起こります。工場で、機械が大きな音を出すことは非常によくあることです。その音すべてを拾い出し、その中から故障に関連する音、しかもその組合せを探し出すのは、それにかかる計算量が大きすぎます。何かよい工夫がなければ、スーパーコンピュータでもとうてい計算できないのです。

上手に翻訳できる

　翻訳ソフトといえば、長い間、あまり信頼できないというイメージがありました。ところがディープラーニングの発達によって、コンピュータによる自然言語処理能力が上がり、翻訳精度は

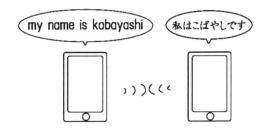

上がっています。以前は、人間が AI に単語や構文を教えデータ化していましたが、ディープラーニングは、膨大な文章データから翻訳のパターンを自動的に学習します。翻訳したい文章を、学習した膨大な翻訳パターンに照らし合わせて、最も確からしい翻訳を計算します。ある文章のある文を翻訳するとき、その文が書かれた場所からとても離れた位置にあるほかの文が、翻訳に影響することはあまりありません。そのためディープラーニングは翻訳に向いているのです。データとなる文章、英語と日本語の対訳データが少ないとディープラーニングは上手な翻訳パターンを学習できませんが、十分な量の文章データがあれば確からしい文章が作れるようになります。

この方法で翻訳パターンを学習した場合の利点として、一つに、いろいろな意味を持つ言葉の使い分けが自然にできるようになっていることが挙げられます。例えば、日本語の"明るい"は、文脈によって、太陽が照っていて"明るい"という意味の場合もあれば、性格が"明るい"、物事に精通していて"明るい"といった意味のこともあります。一方で、それぞれに対応する英語は、sunny であったり、kind であったり、bright であったりと異なります。この使い分けが、人間が教えなくても、たくさんのデータを使うことで自然に学習されるのです。

ただし、言葉も物理的に遠い距離にあるもの同士の関係性を抽出しようとすると、計算量が大きくなります。長い文章の意味を取る、つまり、「流れをつかみ、重要な文を選び出し、その関係をはじき出す」、こういったことが今でも難しいのは、このためです。

2 　AI をどこまで信用する？

小林：AI がどうやっていろいろなものを認識できるようになったかわかると、逆に何故人間が猫を認識できるのかとても不思議ですね

博士：まったく、人間の脳みそ仕組みはわからんことだらけじゃ

小林：でも、AI が作ったルールを見れば、どうやって認識しているかわかるんですよね？

博士：それがなかなか難しくてのう。この写真を見てもらえるか？

人間と AI は仕組みが違う

パンダをキツネザルだと思う AI

　2 枚のパンダの写真があります（図）。同じように見えますが、左側のパンダの写真に、真ん中

にあるテレビの砂嵐のような画像をちょっとだけ加えて、右側の写真を作っています。2枚の写真はちょっとしか変わっていないため、人間には同じパンダの写真に見えますが、これをAIは、左はパンダの写真だと認識するのに、右はキツネザルだと認識するのです。こうした人間とAIの違いが起こるのは、両者の認識の仕方がまったく異なるからです。

ディープラーニングの画像認識では、まず、画像の細かい部分の特徴を捉え、それを組み合わせて画像を認識します。パンダの画像も、白と黒の

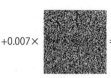

図 「パンダ」と言わないAI。人間とAIの認識は仕組みが違う。AIが57.7%の確信度でパンダだと判断した写真（左）に、あるノイズ（中）を少し加えると99.3%の確信度でキツネザルになる

Ian J. Goodfellow, Jonathon Shlens & Christian Szegedy, "EXPLAINING AND HARNESSING ADVERSARIAL EXAMPLES", Published as a conference paper at ICLR 2015.

細かい模様の一部分を取ってきて、その濃淡の構造がパンダらしければ、それをたくさん集めたものはパンダだと認識します。この細かい部分をキツネザルのパターンにすべて置き換えようとしたのが、この真ん中の画像です。これをパンダの画像に加えると、白の濃淡のパターンや黒の濃淡のパターンが、キツネザルのパターンに近くなります。人間には同じパンダの写真にしか見えませんが、画像の細かい濃淡のパターンを見ると、それはキツネザルなのです。こうして人間にはパンダにしか見えない右側の写真を、AI はキツネザルだと判断するようになります。これは、人間とAI の認識の仕方がまったく違うから起こることです。

おかしな反応をしてしまう AI

　人と AI の認識の仕組みが違うことは、AI が実際に私たちの生活に入ってくることになったときに大きな問題になりえます。パンダの写真に画像を加えた写真は、現実にはありえないものです。この現実には存在しえない写真が、人間にはパンダに見えて、AI にはキツネザルだと認識されるのです。

4日目：AIでできるようになったこと

　AIがパーツの組合せで認識していることを考えると、元のパンダの写真を細かく切り刻んで入れ替えて、人間には何だかわからない写真になってしまっても、AIにはパンダに特徴的なパーツだとわかって、パンダだと認識するかもしれません。人間とAIの認識の仕組みが違うということは、「ディープラーニングで学ぶ際に与えたデータに関しては、人間とAIの認識は一致するけれど、データに入っていなかったものが現れたときに、AIがどう反応するのかわからない」ということを意味します。

　いくつか例を挙げてみましょう。車の自動運転

の場合では、白線の内側を走行するようにプログラムされているのに、夕焼けで白線が赤く見えたらどうなるのでしょうか。白線を認識できずに、事故を起こすかもしれません。このくらいのことは設計段階で予測して対策を立てておけばよいですが、雪や砂で白線が見えなくなってしまったらどうなるでしょうか。道はどこまでも続いていると勘違いして走ってはいけないところを走行してしまうかもしれません。設計段階ですべての場合を考慮するのはほぼ不可能なので、これはたいへんです。

　何もないまっすぐな道を走行していると、車が急に止まりました。何事かと思ったら、道路に小

さなゴミが落ちているだけでした。しかし、AIはぶつかったら危ないものだと認識したかもしれません。逆に、モノだったら止まらずに進むことにすると、着ぐるみを着ている人をひいてしまうかもしれません。これは極端な話ですが、ありえないことではありません。それでもしっかり学習したAIならば、通常運転中に大きな問題が起こる可能性は極めて低いでしょう。何か想定外のことが起こった場合が怖いのです。

　また、異常が起こったときにはどうでしょう。コンピュータも異常には気づきます。しかし気づき方が人間と違うので困ってしまうことがあるでしょう。例えば、車のタイヤがガタガタいい出したとしましょう。人間は、凸凹道を走行中であれば、このガタガタは道のせいだと判断して運転を続けるでしょう。しかし平らな道で、いつもとは違ったガタガタを感じたら、タイヤに何かを挟み込んだのかもしれないと、車から降りて確認するかもしれません。一方のAIは、その違いがわからず、どちらも凸凹道を走っていると判断して、止まらなくてはいけない場合も走り続けるかもしれないのです。AIは何かが落ちているとか、温度が上がっているということは、正確に捉えるこ

とができますが、それがどういうことなのかの意味づけと対処の仕方が人間と異なる可能性があるので、問題が発生するかもしれません。

　人が急に出てきたら、車は急ブレーキをかけてでも止まらなくてはなりません。ボールが飛んできたら、人が来ることを予測して速度を落としますが、ボール自体にはぶつかっても問題はありませんから、急ブレーキをかけたりはしないかもしれません。では、着ぐるみを着た人が出てきたとしたら、どう判断するのでしょうか。人間は中に人がいることを予測して、急ブレーキをかけますが、AIはぬいぐるみだと判断して、緩やかにブレーキングして、車の走行の安全を優先するかもしれません。こうした、状況への対応の違いをどう埋めていくかが今後、大きな問題になっていくでしょう。

小林：うわー。AIってバカなんですかね？！
博士：いやいや。AIも真面目にやっているんだ
　　　が、人間とは考え方の仕組みが違うから
　　　こうした問題が出てくるんじゃよ

3 試験に合格できる

博士: さっきはAIはバカだと言っておったが、実は賢いところもあるんじゃ

小林: データで教えたことしかできないんですよね？

博士: そうなんじゃが、決まりごとがしっかりしているところなら、トンチンカンなことはしないんじゃ

試験を受ける AI

得意、不得意があるのは当たり前

　学校や資格の試験は人間の知性を測るための一般的な仕組みです。不公平がなく、受験生の力をちゃんと測れるように、今までいろいろな試験が作られてきました。あいまいさや例外があると、不公平が出たり合否の判定が難しくなったりするので、しっかり作り込まれています。このような試験問題を AI は意外と上手に解きます。あいまいさがなくて、答えが決まっているものは、AI が得意とするところだからです。といっても教科

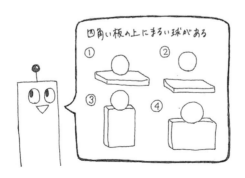

によって、AIの得意なものと不得意なものがあります。それは教科ごとに必要とされる知能が違うからです。

まず、数学を考えてみましょう。数学の試験で重要なのは計算と論理ですが、どちらもコンピュータの得意なものです。論理を1から構築しなくてはならない証明問題も、推論と探索の技術を組み合わせて解けるようになりました。しかし、グラフや表を読み解くような問題は苦手です。それぞれのマスに入る数字の意味や、グラフの形の持つ特徴を捉えることが求められるからです。

数学と同じ理系科目である化学では、化学反応式が数式と同じアプローチで解けます。一方で、物理ではボールの運動など状況の理解が必要なものもあります。ただし物理の問題では、出てくる物体の数が少なく、形やつながり方が単純なことが多いので、すべての可能性を試してみるという力技を使うなど、コンピュータらしいアプローチが可能です。

国語や英語といった言語に関わる教科はどうでしょうか。国語には漢字の書き取り問題が、英語には穴埋めの文法問題があります。漢字は単に記憶していればよいですし、穴埋めはたくさんのサ

ンプルデータを見れば何が正解かわかります。一方で、この文章の結論は何ですか、ここで作者が言いたいことは何ですか、といった意味を理解して解答する問題は苦手です。英語ではリスニングなどで出てくる会話文が苦手です。会話文では、登場人物の感情を含め、会話の意味と会話をしている人の状況をしっかり理解しなくてはならないからです。

　逆に、歴史は単に事実を問う問題が多いので、比較的簡単に解けます。しかし、同じ社会科科目でも地理は、地図や写真から等高線や地形、街、建物の特徴を読み取って、そこから問題に対する答えを導き出さなくてはいけません。このよう

に AI には教科ごとに得意、不得意はあるものの、最近では一般的な受験生程度には試験問題を解けるようになっています。このことは衝撃的な事実です。

　一方で、人間には何てことはないことでも、AI にはとても難しいこともあります。受験生が試験を受けるときは、家を出て電車に乗り、受験会場に着いたら自分の座席を見つけて座ります。しかし AI にロボットの身体を与えて、これと同じことをさせようとしたらたいへんです。今の技術では、試験会場に向かう途中でつまずいて転び、そのまま起きられずに、試験に間に合わないかもしれません。仮に試験会場の入口にたどり着けたとしても、案内板を見て教室の場所を調べたり、自分の座席をあらかじめ「このように表示されています」と知らされていない状況で、見つけたりするのはたいへん難しいことです。人間が、これだけ高い知能をいつでもどこにでも携帯しているというのは、実は、すごいことなのかもしれません。

小林：私が苦手な数学や歴史ができるのに、会話文みたいな簡単そうなものが苦手だなんて驚きですね！

博士：同じ試験でも教科によって求められる知能が違うからじゃな。得意、不得意があるということじゃ

5日目

将棋に見る超 AI

5日目：将棋に見る超AI

1 AIはすでに人を超えている!?

小林： 博士！ 博士！ テレビを見ましたよ！ 博士はAIの知能はまだまだって言ってたのに、すでに人間に勝つようになってるじゃないですか！！

博士： まあまあ、落ち着きなさい。先日のニュースを見たんじゃな。確かに、コンピュータは強いが、囲碁・将棋の面白さは強さだけではないんじゃよ

— 102 —

コンピュータと人間の対局の歴史

2017年春、最後の電王戦

　小林さんが見たのは、2017年春に行われた将棋の棋士とコンピュータソフトが戦う「電王戦」（ドワンゴ主催）でした。対局したのは、プロ棋士の佐藤天彦名人（当時）とコンピュータ将棋ソフト「ポナンザ」。佐藤名人は、2016年の名人戦で、将棋界最強と言われる羽生善治永世名人に勝利したトップ棋士の1人です。一方のポナンザは、コンピュータ将棋ソフトの大会「将棋電王トーナメント」で優勝した最強将棋ソフトです。

　第一局は4月1日に、将棋の対局にふさわしく日光東照宮を舞台に行われました。先手のポナンザが初手に▲3八金という奇抜な手を指し、波乱の幕開けとなりました。そのまま定跡（よく研究された常識的な手筋）から離れた力勝負になり、71手という短さでポナンザが快勝しました。

　続いて5月20日に姫路城で行われた第二局では、後手のポナンザが、佐藤名人の初手▲2六歩に対して2手目に△4二玉という奇手を繰り出し、会場を沸かせました。その後は穏やかな手

が続き「角換わり」の戦いになりましたが、結果はポナンザの勝ち。コンピュータの強さを見せつけました。

　対局後のインタビューで佐藤名人は「勝つのは相当厳しいと思っていました。思いつかない手を指されて、差がついてしまいました。ファンの期待に応えられなかったのは残念」と話しました。

　今回、ポナンザは、人間同士なら挑発と受け取られてもおかしくない "奇手" を指して将棋界を驚かせました。そして、これが実際に勝利に結びついたことで、人間が考えてこなかった手筋さえも調べ上げてしまうコンピュータの強さを感じさせられました。また、ゲームの流れを作り戦局をリードした姿には、何か意志のようなものさえ感じられたのです。

ボードゲームを AI 進化の指標に

　今、このように強いコンピュータ将棋ソフトも最初から強かったわけではありません。ここまで強くなった裏には、人と将棋ソフトの対局の歴史と、将棋ソフト開発における大きなブレークスルーがありました。まず、その歴史から振り返ってみましょう。

チェスや将棋、囲碁のようなボードゲームは、ルールがはっきり決まっているため、AIにとっては取り組みやすい課題です。そのためAIの進化の指標として研究対象になってきました。当然、人間とAIは幾度となくボードゲーム上で戦ってきたのです。しかし、ルールの違いから、ボードゲームによって、AIにとっての難しさが異なります。その結果、強くなるのにかかった時間も、強くなるための方法もボードゲームごとに違っています。

　チェッカーは、競技者が持っている12個ずつの駒を、チェス盤上で奪い合うゲームです。駒に区別がなくどれも同じように扱える上に、その動かし方が単純で一つしかバリエーションがないため、1960年代にはすでに、世界チャンピオンに挑戦できるようなソフトが開発されていました。

　ルールがより複雑なチェスでは、1996年に、世界チャンピオンであるロシアのガルリ・カスパロフが、米国のIBMが開発した「ディープブルー」と6番勝負を行ったことが有名です。結果は3勝1敗2引分けで、カスパロフが勝利しました。人間が勝ったものの、「コンピュータは名人と互角に戦えるようになった」と衝撃的に報じられま

した。翌年の対戦では、カスパロフの1勝2敗3引分けで、実力は僅差とはいえコンピュータが勝利しました。カスパロフは再びディープブルーと戦いたいと申し出ましたが、IBM側が開発プロジェクトを終わらせてしまったため、再戦が行われることはありませんでした。カスパロフは悔しい思いをしたに違いありません。

このようにチェスソフトが強くなったのは、「先読み」ができるようになったからです。コンピュータの能力が上がって、現状の局面から十数手先までのすべての局面を探索できるようになり、その中から、この先よい局面に進めるものを選べるようになったのです。

コンピュータ将棋ソフトと人間の対局の始まり

同じボードゲームでも、将棋ソフトがプロ棋士と互角に戦えるようになったのは、チェスに遅れること約20年、2010年代に入ってからでした。これだけ遅れたのには、将棋というボードゲームの難しさが関係しています。将棋もチェスも、相手の駒を取ることができますが、その後の扱い方が違います。チェスでは、その駒を盤面上に指すことができませんが、将棋の場合は自分の駒とし

て指すことができます。その結果、チェスはゲームが進むにつれて駒数が減り、どんどん先読みがしやすくなるのに対して、将棋は、ゲームが進んでも指し手の数が減らず先読みが難しいのです。

　コンピュータ将棋ソフトの歴史は、1968年に詰将棋を解くためのプログラムが作られたことに始まります。1990年からは、将棋ソフト同士が対局する「世界コンピュータ将棋選手権」が開催されており、現在までコンピュータ将棋の発展に大きく貢献しています。2007年3月には、コンピュータ将棋ソフト「ボナンザ」が渡辺明竜王と

対戦。ボナンザは敗れたものの大方の予想に反して善戦しました。そして 2008 年には、トップアマチュアを撃破するまでに強くなりました。

コンピュータ将棋ソフトが次第に強くなっていく中で、情報処理学会は将棋ソフトとトッププロ棋士の公開対局を望んで、日本将棋連盟に対して挑戦状を送ったのです。こうして 2010 年 10 月、清水市代女流王将・女流王位（当時）と将棋ソフト「あから 2010」の対局が行われ、「あから 2010」が勝利しました。

続いて、2012 年 1 月に第 1 回将棋電王戦が行われ、米長邦雄日本将棋連盟会長（当時）とボンクラーズが対局。ボンクラーズが勝利しました。こうして継続的にプロ棋士と将棋ソフトの対局が行われるようになっていきました。この頃の将棋ソフトは、相当に強い棋士に勝てるようになっていましたが、まだ、トップ棋士には勝てないだろうと思われていました。

ソフトの品評会から真剣勝負へ
― 第 2 回将棋電王戦

2013 年に行われた第 2 回将棋電王戦は、初めて、五つのコンピュータ将棋ソフトが、それぞれ

AIはすでに人を超えている!?

異なる5人のプロ棋士と対戦する団体戦形式で行われました。その対局は大きく報道され、"コンピュータ将棋ソフトはどれほど強いのか"、その勝敗の行方は世間的にも注目されていました。

　第一局は人間が勝ったものの、予想に反して、第二局と第三局は将棋ソフトが勝利しました。第四局は、ここで負ければ人間の負け越しが決まる、追い込まれた状況でした。対局者の塚田泰明九段は、対局相手のPuella αに追い込まれ劣勢となりましたが、両者の玉が敵陣に入る入玉に持ち込み持将棋として引分けにしたのです。これは、コンピュータソフトが引分けに持ち込まれることに対して対策をしてこなかったことを見抜き、そこ

を突いた結果の引分けでした。ただ、このような
手筋は、負けが決まっているところを長々と生き
延び、ごまかしで引分けに持ち込むようなものと
見なされるので、プロ棋士の間では汚い作戦とし
て忌み嫌われる類のものです。

　こうした手を使ったことに対しては厳しい批判
もありました。ただ、塚田九段は、「自分が負け
たら終わり。そこで人間がコンピュータに負けた
ことになってしまいます。最低でも引き分けて、
次にタスキを渡さなくてはいけない」と語りまし
た。"潔し"を美徳とする将棋の世界で、あのよう
な決断をすることは、大きな苦しみを伴ったの
でしょう。塚田九段は涙を流しながら会見を行い
ました。塚田九段の勝ちにこだわった姿は、「"棋
士の意地"すら超えた、勝負への壮絶な執念」と
評されました。この頃から、人間とコンピュータ
将棋ソフトの対戦は、これまでの新しい将棋ソフ
トの品評会という雰囲気から一転、"人間代表対
コンピュータ"という、人間のプライドをかけた
激しい戦いに変わっていったように思います。

　そうして迎えた第五局では、三浦弘行八段（当
時）がGPS将棋に敗れ、結局、人間の負け越し
が決まりました。衝撃的だったのは、このとき、

三浦八段が「自分のどこが悪かったのかわからない……」とコメントしたことでした。負けた理由がわかれば、対策を立てて次には勝てる可能性がありますが、理由がわからないということは、コンピュータに勝つ道筋が見えないということです。機械学習は人間には到達できない強さを獲得できるという、その片鱗を見せつけられた対局だったと言ってよいでしょう。

AI に立ち向かう — 第3回将棋電王戦

　第2回将棋電王戦では、塚田九段が「貸し出された Puella α を使った練習時間が十分ではなかった」と語りました。この反省を受けて、第3回将棋電王戦に臨むプロ棋士たちは相当な準備をしました。しかし結果は、第四局で将棋ソフトが勝利し、人は負け越しました。この負けの中には、明らかに人間のミスによって引き起こされたものがあり、改めて、コンピュータの "間違いを犯さない" という特徴が勝負強さにつながるのだということを思い知ることになりました。

　一方で、唯一勝った豊島将之七段（当時）は、第三局で YSS と戦うために、圧倒的に多い練習から将棋ソフトの特徴を把握し、実力を出させな

いような指し方を考えたと言います。対局では通常、序盤は定跡があり、終盤は一手一手のせめぎ合いで、指し手の選択肢が比較的少なくなります。それに対して戦いが起こり始めた中盤は、あちこちで駒が働き、指し手にはさまざまな選択肢があります。選択肢が多くて探索範囲が広い状況は、コンピュータが最も得意とするところです。そこで、豊島七段はこの中盤を一気に終わらせるような戦略をとり、コンピュータに本領を発揮する時間を与えなかったのです。この対局は、人間がAIに立ち向かうときに、どのように戦略を立てたらよいのかということの一端を示しています。

その後も、将棋電王戦ではさまざまなドラマがありました。第3回将棋電王戦、第四局で負けを喫した森下卓九段は、コンピュータの計算の速さに対抗するには、人間はじっくり考える必要があると主張して、指し手を考えるために時間と将棋盤を使ってよいというルール（1手15分、継盤使用）を設け、リベンジマッチを行いました。辛くも森下九段が勝利しており、人間の計算能力を高めることで、AIに追いつこうという戦略が上手くいったと言ってよいでしょう。

棋士 vs プログラマー
── 再び人間対人間の戦いへ

コンピュータ将棋ソフトは、毎年毎年、劇的に強くなり続けています。しかし2015年の将棋電王戦FINALでは、通算3勝2敗でプロ棋士が勝ち越しました。その最大の勝因は、人間が将棋ソフトの弱点を徹底的に研究したからでした。コンピュータは計算の間違いを犯しません。しかし、プログラムを設計したのは人間です。一口に将棋といっても、序盤、中盤、終盤、千日手や入玉持将棋などさまざまなルールや、勝利の条件があります。そのそれぞれに対してアルゴリズムを考え、

それらの組合せで将棋ソフトはできています。開発者が人間である以上、そのどこかに、隙や穴が生まれることはごく自然です。特に第五局では、対局前にアマチュアたちがすでに決定的な弱点を発見していました。対戦相手の阿久津主税八段は、結局、この弱点を突きました。それは、人間を相手にするときと同じように、勝負に徹し本気で戦った証と言えるでしょう。将棋ソフトの開発者の巨瀬亮一氏は会見で悔しさのあまり涙を流していました。巨瀬氏は、かつてプロ棋士をめざして日本将棋連盟の奨励会に所属していたこともある、実力の持ち主です。強い将棋ソフトを開発することで、長年、将棋の世界と向き合い続けてきました。弱点を突かれて敗北したことに対する悔しさはいかばかりだったことでしょう。こうして、人間対コンピュータの対決は、今度、トッププロ棋士対プログラマーの戦いの様相を呈してきました。

　2016年からは、将棋電王トーナメントの優勝ソフトと、叡王戦の優勝者が対決することになりましたが、ここ2年、人間は将棋ソフトに勝てていません。この頃から、人間とコンピュータは同じ土俵で戦っているのかといったことが議論さ

れるようになってきました。

　ボードゲームの AI は最初、人間と戦えるくらいに成長することが目標でした。それが人間と対戦できるようになってくると、人間を超えることが目標になり、人間よりも強くなってくると、人間対コンピュータの戦いになりました。それは、AI の弱点を探すことや、AI 対人間からプログラマー対人間の戦いへと発展していきました。そして最後には、単に強いだけでなく、公平で面白い勝負をするにはどうしたらよいかということに議論は進んで行きました。このように将棋の面白さが、単に強さだけでなく、対局する人々のドラマを含む限り、棋士が AI に取って代わられるようなことはないでしょう。

5日目：将棋に見る超AI

2 さまざまな ボードゲームでの戦略

小林：人間とコンピュータの対局の熱が伝わっ
てきました！

博士：わしも対局を見ていてハラハラしたもん
じゃよ

小林：最近だと囲碁で人間が負けたとき、すご
いニュースになりましたね

博士：そうじゃった。今じゃ、将棋でも囲碁で
も人間は勝てなくなってしまったのう。
ただな、同じ対戦型ボードゲームでも、
強くなり方は違うんじゃよ

同じようなボードゲームでも

ルールが違うから強くなり方も違う

　チェッカー、オセロ、チェス、将棋、囲碁など
のいろいろなボードゲームのソフトの強くなり方
が違うのは、それぞれのゲームで勝つための戦略

— 116 —

が異なるからです。チェッカーは駒の動かし方と簡単な損得、オセロは終盤の読み切り、チェスは指し手の探索とそれぞれ異なります。この三つの戦略は基本的に、計算をたくさん行えれば、それだけ強くなります。一方、将棋と囲碁の場合は、これらに加えて盤面の評価が重要になります。今この状況で、どちらがどのくらい有利なのかがわからなければ、たとえ探索しても結果がよかったのか悪かったのか判断できません。探索の仕方と同時に、局面の評価がとても重要なのです。

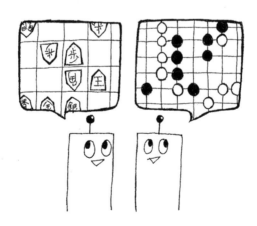

機械学習で局面を判断

　昔の将棋ソフトは、持ち駒の数や、自分の王様の位置を指標に人間が評価のルールを決めていました。飛車が自由に動ける状況なら得点が高い、と金が出てきたら5点追加といった具合です。しかし、実際の盤面はこのような簡単な方法ではとても正確に評価できません。一体どちらが有利なのかは、プロ棋士が時間をかけて考えても、簡単に判断できるものではないのです。そこでボナンザは、機械学習と膨大な過去の棋譜データから、その評価方法を学ぶことにしました。ただ、過去のデータにはそれぞれの局面で、どちらがどれだけ有利かという情報は載っていません。そこでボナンザは、なるべくプロ棋士の指し手に近くなるように評価値を学習しました。それまでの将棋ソフトは、時々突拍子もない手を指していたのですが、これによって何となく人間らしい手を指すようになってきました。この結果、将棋ソフトは革命的に強くなり、これ以降の将棋ソフトはどれも機械学習を使っています。

囲碁はどうして強くなったか

　将棋ソフトの発達に対して囲碁ソフトの発達はしばらく遅れていました。その理由として、囲碁の盤面が将棋に比べて2倍×2倍以上大きい上に、石をどこにでも置けるため、選択肢が非常に多いということが問題だと言われていました。また、将棋は駒に種類があり、勝負における重要度が大きく異なります。王様を取られれば、そこで勝負は終わりですし、飛車や角といった大事な駒が何の働きもしないで取られてしまうのは大きな損失です。このことは、大事な駒を取られるような大損をする手は探索しなくてもよいということにつながります。駒に種類があることは、指し手の選択肢を狭めることになっているのです。

　また、盤面の評価も将棋と囲碁では大きく異なります。将棋は王様が取られたら終わりなので、王様の周りを見れば、どのくらいピンチなのかわかります。また、攻め駒がどのくらい自由に動き回ることができて、どのくらい相手の陣地を脅かしているかを見れば、どのくらい有利なのかもわかります。一方、囲碁は盤面の上で全体的にどの

— 119 —

ように白石と黒石がつながっているかで、盤面の評価が決まります。全体的にボヤッとしていることを判断しなくてはいけないので、人間にとっても非常に難しいものです。そのため、状況判断が難しく、長らく囲碁ソフトは強くなれませんでした。

　ところが、モンテカルロ・プレイアウトという方法が開発されて状況が変わりました。これは、ある局面から始めてゲームが終わるまで、白石と黒石を交互に、サイコロを振って決めた位置に置いていって、白と黒のどちらが勝つかを調べるという方法です。これを何千回も行って、多く勝つ方が有利と結論づけます。こんなバカらしい方法が上手くいくわけがないと思われるかもしれません。実際、この方法は注目されてこなかったのですが、使ってみると非常に精度よく盤面が評価できました。その結果、囲碁ソフトは急激に強くなったのです。

　そして2016年3月、米国のIT企業であるGoogle傘下にある英国のディープマインド社が開発した囲碁ソフト「アルファ碁」が、世界でもトップ棋士である李・世乭九段に勝利したのです。このアルファ碁は、探索と評価値の精度を上

さまざまなボードゲームでの戦略

げるために、自分自身で対局するということを何千万回も繰り返しました。人間が一生かかっても不可能な数の対局を行い、その経験を活用することで、コンピュータの直感のなさや、理由づけができないこと、戦略を自分で作れないといった弱点をカバーしたのです。

　囲碁ソフトで使われたアイデアは、将棋ソフトの改良にも使用され、現在の将棋ソフトは自己対局を使って強化されています。ただし、プレイアウトの技術は、将棋ではまだ有効に使われていません。囲碁は、駒に重要さの違いがないため、適当に石を置いても何となく手になりますが、将棋

は酷い手を指すとその瞬間に負けが決まるので、サイコロを振って対局を進めるようなことはできないのです。

　将棋や囲碁以外にもさまざまなボードゲームがあります。また、ゲーム以外にもコンピュータの思考プログラムが役に立つところはたくさんあります。しかし、どのような状況でも、戦略を自分で考えるような AI はまだまだ実現できていません。それぞれのゲームにあった思考ルーチンや制約は人間がデザインしています。いまだ、将棋ソフトや囲碁ソフトは人間の作品であり、コンピュータ将棋との対局もプログラマーとの対局であることに変わりはないでしょう。

3 次世代の名人

小林：佐藤名人がポナンザに負けたのは残念でしたけど、AIもプログラマーがその知恵と工夫で開発していると思うと、ちょっと応援したくなっちゃいました

博士：そうかそうか。それにな。最近じゃ、15歳の藤井聡太棋士が活躍しておるが、藤井棋士が強くなったのには、少なからず将棋ソフトが関係しておるんじゃろうのう

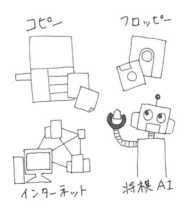

将棋新時代幕開けの裏には科学技術アリ

中学生棋士の登場と科学技術

　これまでに中学生でデビューした棋士は5人います。彼らの登場を電子機器の登場や普及、科学技術の発展と関連づけると面白い見方ができます。

　まず、コピー機が登場したことで、棋譜を家に持ち帰れるようになりました。コンピュータの普及は、たくさんの棋譜を保存して、それを画面で参照することを可能にしました。さらにインターネットから棋譜を集められるようになりましたし、オンラインゲームで強い相手と対戦できるようにもなりました。将棋ソフトが強くなった今では、その指し手を参考にして、手筋の研究ができます。

　こういった科学技術は、棋士の成長の早さに大きく影響しているようなのです。実際に見てみると、コピー機の登場の頃には谷川浩司九段が中学生棋士として出てきました。コンピュータの普及に合わせるように、当時中学生だった羽生永世名人が登場しており、自身もコンピュータの恩恵を

受けたことを、その著書の『簡単に、単純に考える』の中で触れています。その一方で、パソコンで見られる棋譜に頼りすぎると、創造的な手が指せなくなるとも考えており、情報の活用の仕方を自分なりにコントロールしているようです。インターネットがつながって渡辺明竜王が、オンラインゲームで将棋の対戦ができるようになって豊島将之八段（プロ入りは高校1年生）が、それぞれ新しい技術を活用して強くなった世代として登場しました。そして、コンピュータ将棋ソフトと対戦できる現代では、藤井聡太七段（デビュー当時四段）が現れて、ご存知の通り快進撃を続けています。

　AIの発達によって、人間はAIにかなわなくなってしまうというだけでなく、AIの指し方を参考にすることで人間も新たな戦略を学び、より強くなっていくことができるでしょう。これが、AIが将棋や囲碁といった文化に貢献する一面と言ってよいでしょう。

　ちなみに、ここまでに中学生でデビューした棋士は4人しか出てきていません。科学技術との相関の文脈に含まれていないのが、加藤一二三九段です。藤井七段との対局ですっかり有名になっ

た加藤九段は、実は初の中学生プロ棋士でした。しかし、彼を育てた科学技術は何かと探してみても見当たりません。"棋士は天才"と言われますが、加藤九段は天才の中の天才なのかもしれませんね。

社会に入る AI

6日目：社会に入る AI

1　AI との付き合い方

> **小林：**昨日聞いたんですけど。AI の「シンギュラリティ」が来るって騒がれてますけど、何だか不気味ですね……
>
> **博士：**「技術的特異点」のことなんじゃが。AI の場合は普通、「コンピュータの性能が人間の脳をはるかに凌駕するようになる」ことを言うんじゃ
>
> **小林：**そうなんですね。もし AI が人間を超えちゃったら、AI は人間を支配したり、攻撃したりするんですかね？

敵か？ 味方か？

シンギュラリティは来るか？

　AI のシンギュラリティという言葉をよく聞きます。シンギュラリティの元々の意味は技術的特異点のことですが、AI に対して使われる場合に

— 128 —

は「コンピュータの性能が人間の脳をはるかに凌駕する」という意味になります。その結果、AIが人間を支配するのではないかといった不安や恐れまでを意味することが多いようです。鉄腕アトムやドラえもんといった友好的なAIのイメージとは真逆ですね。しかし、AIはあくまでも人間によって作り出されるものです。その性格は、それを作る人間がどのような目的を持っていたかによるでしょう。AIが支配的な雰囲気を持つとしたら、それは開発者の意図なのでしょう。

　これまでにも、科学技術の進歩の結果として、自動車や電化製品などが私たちの生活に入ってきました。最初の頃、自動車は性能が低く命懸けで乗っていたかもしれません。しかし今は、安全上の規定が決められ、フェイルセーフが備え付けられています。AIにも、AIという技術の特性にあったフェイルセーフが必要でしょう。それが整えば、人間の手を離れて暴走するようなこともなくなるでしょう。

　また、人間の知能を五つに分けた際に（2日目第1節「AIの知能ってそもそも何？」参照）、最近のAIはそのうちの三つ目の"認識"がようやくできるようになったと説明しました。四つ目の

6 日目：社会に入る AI

"理解" と五つ目の "感情" は実用にまだほど遠いレベルです。"認識" が可能になって、例えば電話や AI スピーカーの自動応答ができるようになりました。それはまるで、指示されたことを理解しているようにも見えますが、実際には私たちが言う "理解" とは違い、単に言葉に反応して決められた作業をしているだけです。感情についても同様で、喜んでいるように見せているだけで、AI が深いところで感じているわけではありません。このように理解や感情を伴った本当の意味での経験ができないところが、AI の限界だとされます。まだまだ人間を超える人工知能を獲得するのは難しいのです。もちろん文字や画像の認識精

度や、しっかりした抜けのない説明の仕方では人間を超えるかもしれません。しかし、あらゆる面で人間を超えるような AI が登場する、いわゆる世間で騒がれているようなシンギュラリティは、そう簡単には起こらないのではないでしょうか。

プライバシーと不気味の谷

とはいっても、AI と友好な関係を築くには、考えなくてはならないことはあります。例えば、プライバシーの問題を無視することはできません。極端な話ですが、「個人の生活が AI によって監視されるようになる」と考えている人もいるからです。この人たちは、プライバシーデータが他者に流出することを恐れています。それが現実にならないように、法律などで利用規定や罰則規定、セキュリティの規定を設ける必要があります。しかし、悪意を持って近づいて来る人を完全に排除するのは難しいため、スマートフォンの GPS 機能やパソコンを使う際には、自己防衛策として自分がどこまでのデータを外に出しているのか、個人個人が意識しておく必要はあるでしょう。

ただ、一般的なデータの使われ方を見る限りでは、それがビジネスであっても公共性の高い使わ

れ方であっても、それほどプライバシー情報を直接的に使うものではありません。そもそも AI を活用する場合は、大きなデータを扱うことが多く、個人のことを知りたいというよりも、都市計画のために地域の人口やそこに住む人たちの通勤時間を集計したり、商品開発のために世代ごとの興味の違いを統計的に数値化したりするなど、多くの人に共通するものや平均が知りたいのです。

一方で、「不気味の谷」という言葉があります。ロボットの姿や仕草が人間に近づいていく場合、ある程度までは親近感を感じますが、あるところから一転、不気味さや嫌悪を感じるようになる現象のことです。さらに人間に近づくと、その嫌悪感は消えていきます。この「不気味の谷」は 1970 年にロボット工学者の森政弘氏が唱えた説で、最近になってカリフォルニア大学サンフランシスコ校の心理学者がその存在を証明しています。

インターネットを使っていると、レコメンデーションと言われる「お勧め」が表示されます。もし行く先々で、スマートフォンに、その場所の美味しいものや観光名所などのお勧めが表示されたら、それは単に GPG 機能が ON になっている

だけであっても、"誰かに見張られているようで気持ち悪い"と感じる人が出てくるでしょう。これも「不気味の谷」の一種なのかもしれません。AIを気持ちよく使うためにも、情報を提供する側の企業も、個人に立ち入りすぎないなど、配慮が必要でしょう。

フィルタバブル

そしてAI特有の問題として、フィルタバブルという現象が起こり始めています。レコメンデーション（お勧め）の登場によって、こちらが何

を見たいか指定しなくても、コンピュータはインターネットの検索履歴などを基に、自動的にニュースや買い物サイトの広告を選んで提示してくれます。その結果、自分の好きな情報ばかりが手に入りやすくなり、たいへん便利になってきていますが、その一方で、自分の興味のないことや反対意見などに接する機会がどんどん減ってしまいます。こうして自分が触れる世界がどんどん偏ってしまうことを、フィルタバブルと言います。ニュースや広告のレコメンデーションが不当に偏れば、コンピュータを使っている本人が操られてしまうかもしれません。例えば、普通の考え方の人でも、友人の履歴の影響などで過激なニュースや発言ばかりを見せられていると、考え方が過激になってしまうかもしれないのです。

　この例から明らかなことは、AI やその開発者が意思を持って悪いことをしているわけではなくても、コンピュータの利用者に悪い影響を与えることがあるということです。AI や開発者が悪意を持っているために、利用者に悪影響が及ぶのであれば、みんなで手を組み、そうならないための決まりごとを作ればよいでしょう。しかし、意志なく悪影響を与える場合には、どうしたらそれを

防げるのでしょうか。これは、今後の大きな問題
となるでしょう。

AI と仲良くなる

　AI に対して抱くのは、脅威や不気味といった
マイナスの感情ばかりではありません。AI に対
する感情は国民性によってだいぶ違うようです
が、日本人は特に友好的です。AI は人工知能で
すからロボットとは限りませんが、日本では AI
と聞いて、鉄腕アトムやドラえもんを思い出す人
が多いのではないでしょうか。これらは AI を搭
載したロボットのイメージで、そこからは日本人
が AI に好意的なことが伺えます。しかし、ハリ
ウッド映画には AI と人間の対立が描かれたもの
が多く見られます。

　日本では、SoftBank の Pepper（ペッパー）
などのロボットが店舗や介護施設などで活躍し
て、身近な存在になり始めています。亡くなった
おじいさんが、寂しくないようにとプレゼントし
た SONY の犬型ロボットの AIBO（アイボ）を、
おばあさんが家族の一員として大事にしていたと
いう心温まるニュースもありました。ロボットは
元々、人間の手伝いをさせたり、仕事をさせたり

6日目：社会に入るAI

するための工業製品的なものでしたが、何の仕事もしないロボットが人々の感情を受け止める役割を持ち始めました。これは人間を感情面でサポートするという、これまで現実世界のロボットにはなかった働きです。

このようにPepperやAIBOは、人間の感情を豊かにする働きをしていますが、逆にロボットが人間の感情を抑える働きをするケースもあります。会議で意見が対立したり、話が長くなったりして司会者が止めなければならないとき、参加者の気が立ってしまうことがあります。ところが司会者は裏に隠れ、テーブルの上に置いたロボット型のスピーカーにこっそり指示を出して、機械音声で注意をすると、参加者たちは言われたことにあまり反論することなく、素直に聞き入れること

が多いという話があります。これはコンビニエンスストアの店員が思ったことと違うことをすると腹が立ってしまうけれど、自動販売機に対して感情的になることが少ないのに似ていますね。このように AI は、人間の感情を豊かにする方向にも抑える方向にも働きかけることができます。今後、AI が進歩すれば、もっと人間と AI の複雑な心の交流が可能になるかもしれません。

6日目：社会に入る AI

2　発想や会議にも AI

小林：社長は AI が人間の代わりに商売をして
くれたらと思っているみたいなんですけ
ど、そんなスーパーマシンはできそうに
ありませんね。でも代わりに、お友達ロ
ボットができそうなんですね

博士：確かに、社長さんが期待するようなスー
パー AI はできないかもしれんのう。じゃ
が、すぐに大儲けは無理でも、商売の新
しい取り組み方のヒントならくれるかも
しれんぞ

データがあれば考え方が変わる

客観的に物事を見る

　AI とデータに多く触れるうちに、人々の考え
方や議論の仕方が変わっていくかもしれないと考
えられます。

— 138 —

AIやデータを使うことの利点の一つは、物事の客観性が増すことです。3日目の「全体を知り、実状を明らかに」の中で例として挙げた、ブラック企業で"一般的に起こっていることは何なのか"という実態も、多くの人の勤務状況が把握できれば正確に捉えられるようになるということでした。ある特定の人の主観的な状況に引っ張られなくなり、客観性が増せば、主観的な立場では見えなかったものが見えてきます。

　もう一つの例として婚活を見てみましょう。未婚率の増加と少子化という社会問題があります。現実に自治体などでは、この未婚率を改善するための支援が行われていますが、具体的にどのような支援が考えられるでしょうか。このときに、"若い人は経済的に困窮しているから結婚できない"や、"出会いの場が少ないから結婚できない"という話をよく聞きます。これらに対する対策として、「若者への経済的な支援」や「街コンの開催」などが考えられます。しかしデータを見てみると、実は経済状況と結婚できるかどうかはまったく相関がないことがわかりました。つまり、経済的なサポートは結婚に結びつかない可能性が高いと想像されます。また、地方の町では、比較的、男性

に向いた仕事が多いため、女性は都市部に移動することが多いようです。ですから、田舎は田舎で、都市部は都市部で婚活パーティーを開いても、そもそも男女比が違うので、効率的に出会いの場を設けられるとは考えにくいのです。地方の人と都市部の人が出会えるような仕掛けが必要でしょう。このように、世の中で主観的に言われていることについて、データを客観的に見て検証すると、まったく違う事実が明らかになることも多いのです。ここで例に挙げたことは、人口や地域ごとの未婚率、収入などのデータを見れば、今でもわかることですが、AIを使えばもっとたくさんのデータから、もっと複雑な実態を見つけ出すことができるかもしれません。

よい議論ができるようになる !!

このようにデータに基づいて物事を客観的に見るようになれば、何かを決めるときにも客観的なデータに基づいた議論を行うことが、当たり前になっていくと思われます。客観的な根拠のない議論は、どうしても水掛け論になります。自分の好き嫌いや人間関係が入ってしまうこともあるでしょう。こうして内容の伴わない議論になること

が多いのですが、事実と根拠に基づいて議論するようになれば、実りのある議論が短時間でできるようになると思われます。

　今、すでにデータに基づく根拠に基づいた議論を当たり前のように行っている分野があります。それがスポーツです。スポーツの分野の記事やインターネット掲示板などを見ると、とても多くのデータが使われているのがわかります。野球で言えば、打率、防御率、失塁率。サッカーならポジショニング、ボール支配率、シュート数や各選手の走った距離まで。さまざまなデータに基づいて、それぞれのチームの長所や短所を分析し、その上で、このチームはここがよい、この部分を改良すれば

もっと強くなるといった議論が行われています。このような分野では、ネット上の掲示板やニュースのコメント欄などでも、感情的な悪口の言い合いはあまり見かけません。

また、スポーツ解説でも、データは大いに活用されています。解説者が必ず選手の特徴やこれまでの成績、技の難易度などに触れるようになったことで、スポーツは観る側にとっても格段に面白くなりました。ゴルフなどは、しばらく歩いてはボールを打つといった試合展開が比較的のんびりとしたスポーツですが、風向きやコースの違いによって変わるボールの描く軌道をいくつも予測して画面に表示して、ボールを落とす場所によって変わってくる作戦の立て方を予想するのは、ゴルフファンでなくても「そうなのか」と腑に落ちるものがあって、見入ってしまいます。ここにデータを駆使するAIが関わるようになったら、何が起こるのか。その動向にスポーツ好きは目が離せそうにありません。

モデル演繹型とデータ帰納型

私たちは何か行動を起こすとき、多くの場合、自分の考えや過去の経験から仮説を立ててから始

めます。商品開発者が新しいものを作ろうと思ったとき、こういうニーズがあるだろうと仮説を立ててアンケートを取ります。医者が病気の診断をする際にも、患者の様子を見てこれではないかと仮説を立ててから検証します。こうして仮説を立てることを、"目星を付ける（モデルを考える）"と言い、難しい言葉では「モデル演繹型」と言います。逆に、何も考えや経験がないとき、仮説を作るのに使うのが「データ帰納型」です。対象となる物事をじっくり観察したり、たくさんデータを集めて解析したりすることで、物事の傾向や知識のかけらを見つけ出します。そして、この傾向や知識はこういう理由で出てきているに違いないと仮説を見つけていくのです。

　例として、スーパーマーケットのお客さんの分析を考えてみましょう。モデル演繹型で考えるのであれば、その街に昔から住んでいる人の意見を聞いたり、その地域の土地柄や雰囲気を考えたりして、「きっとこういうお客さんが多いに違いない」と推測します。それに対して、ポイントカード利用のデータや、男性用化粧品、紙おむつ、入れ歯洗浄剤といった客層に直結しそうな品物の売上げから、どのような人たちが住んでいて、実際

にどのような人たちがスーパーマーケットに買い物に来ているかを調べていこうというのが、データ帰納型の考え方です。

　モデル演繹型の長所は、データが少なくても自分の経験や知識から、仮説を作り出せることです。そして多くの場合、人間には共通性があるので、だいたいの場合は上手く行きます。対して、データ帰納型は客観的な根拠に基づいているところと、人には見えにくい部分まで、物事が見えるのがメリットです。こうして、自分では考えつかなかったことが出てきてくれるのも、データ帰納型のメリットです。昔、データが少なかった時代は、モデル演繹型の考え方が主流だったと思われ

ます。これはいわば経験論というものでしょう。例えば、会社の上層部と若い人で意見がまったく違うことはよくあります。これは、上の年代の人たちと若い人たちとでは、置かれてきた状況や経験してきたことがまったく違うことを考えれば、素直に納得できると思います。違う経験をした人、違う状況に置かれた人の間では、常に意見の対立が起きますが、データ帰納型の考え方はその両者の溝を埋める働きをするかもしれません。

　前に書いたように "スポーツを議論する" 際には、すでにデータが重要な根拠となっていますが、"スポーツをする" 上では、まだまだ、経験論的な要素も多いようです。そんな中で、データに基づいてスポーツをすると聞いて、ある年代以上の方は「ID（Important Data）野球」という言葉を思い出すのではないでしょうか。1990年代にヤクルトスワローズの監督だった野村克也氏が提唱した「データに基づく野球」で、監督は投手の配球の傾向や、打者の得意なコース・苦手なコースを過去のデータから把握して攻略に活かしていたと言われています。「プロ野球はデータでできるほど甘くない」と言う人もいますが、このときに多くの日本人が "スポーツはデータを活用して

6日目：社会に入るAI

強くなれる"と認識したのではないでしょうか。
　今では、どんなスポーツもデータを活用しています。卓球の世界では、以前負けた相手の試合データを入手して攻略し、リベンジを図るのは当たり前です。バレーボールなどは監督やコーチが試合中でもパソコン片手に、時々刻々変化するデータを把握し、試合運びを決めています。その中には、過去のデータからだけではわからない、今、選手の状態がよいのか悪いのか、疲れているのかといったことも含まれているのでしょう。

3　では、実際に AI を

> **小林**：なるほど。うちの社長は切れ者なんです
> 　　　けど、頭の固いとこがありますからね…
> **博士**：そうじゃのう。会社をリーダーとして
> 　　　引っ張るには、情熱とかこだわりのよう
> 　　　な主観的なものが大事だから、周りの人
> 　　　たちが客観性や根拠を持つようになった
> 　　　らよいのじゃないかのう
> **小林**：しかし博士。うちのような荷物を運ぶだ
> 　　　けの運送会社でも、データを使って客観
> 　　　的に見れば、何かよいことありますかね
> **博士**：それがのう。意外な場所でデータが役立
> 　　　つこともあるんじゃよ

使えるかな、と思うだけではだめ！

球団運営にデータを活用

　ビッグデータのコンサルタントのところには、

「社内にはビッグデータがいろいろあるので、それを使って何かできないだろうか？」という相談が引きも切らずあるそうです。でも、そこからすぐに何か新しいビジネスを始めるというわけにはいかないようです。ゴミの山のようなビッグデータから、黄金のような情報を掘り出すのはなまやさしいことではありません。何がしたいのかをはっきりさせないと、どのような方法で掘ったらよいかもはっきりしません。「こんなことがきっとできるだろう、もしかしたらこんなことができるのではないか」など、使う側の意思やアイデアが大切になってきます。

2011年に「マネーボール」というブラッド・ピット主演の米映画が公開されました。これは実話で、メジャーリーグの貧乏弱小球団オークランドアスレチックスが、セイバーメトリクスという野球のビッグデータから導き出された指標を基にスカウトを行い、プレーオフ常連の強豪チームになるという話です。

セイバーメトリクスは、野球ライターで野球データに詳しいビル・ジェームズが1970年代に提唱したもので、過去のさまざまな野球データを分析して、"何がチームの勝敗を決めているのか"

などを明らかにしました。従来の野球の常識を覆すような結果も導き出されたので、野球業界で長らく日の目を見ませんでした。追い込まれて背に腹を代えられなくなったアスレチックスが採用して、成功を収めたというわけです。今では、メジャーリーグの公式記録にセイバーメトリクスの各種指標が選手成績として載っています。また、サッカーやアメリカンフットボールなどの主要スポーツでもセイバーメトリクスの手法が採用されています。野球データ好きなジェームズの「ちゃんと分析すれば、勝敗を裏づける数理的な基準があるはずだ」という思いが、スポーツのビッグデータ時代をもたらしたのです。

小林：わぁ。弱小球団のサクセスストーリー!!
　　　　格好いいな～
博士：データの力を感じる映画じゃった
小林：あっ。思い出しました！　AIといって社
　　　　内で話題なのが、レコメンデーションな
　　　　んです。私も本を買うときに参考にして
　　　　ます。これを使ってうちの会社を皆さま
　　　　にお勧めするっていうアイデアなんてど
　　　　うでしょう

博士: それじゃ、単なる広告じゃのう

小林: そっかー。じゃあ、次に営業したらよい会社を勧めてくれる、なんてどうでしょう。行ったらすぐ契約してくれるようなところがわかったらよいですよね

どこに使うか考えてみよう

レコメンデーション

　インターネットを使っていれば、「この本を見ている人はこの本も見ています」や「このDVDを買った人はこのDVDも買っています」というレコメンドに出合わない日はありません。このような "お勧め" は、協調フィルタリングという方法を使っています。

　例えば、Aという本を買った人に別の本をお勧めする場合、Aを買った人がほかに何を買ったか調べて集計して、その中でたくさん売れているものを勧めるのです。"Aを買った" ということは、この人たちはある程度趣味や嗜好を共有しているだろうと考えて、その人たちが買ったほかの本の

では、実際に AI を

情報を参考にするのです。

　協調フィルタリングは、自分が注目していない
ものを見せてくれます。そのときに、趣味嗜好が
似ている人の情報を参考にしているので、適当に
見せるのよりも、はるかに気を引くもの、関連す
るものが出てくる可能性が高くなります。将来的
には趣味嗜好が似ている人やライフスタイルが似
ている人の情報を参考にして、好きそうな料理や
新しい趣味のヒントをくれたり、この病気に気を
つけてと教えてくれたりする時代が来るかもしれ
ません。このように協調フィルタリングは実によ
くできていますが、「ほかの人がやったことをお
勧めする」ことから考えると、個別性の高いとき
などには向かないのがわかります。例えば、ある
会社が営業に行って契約を取れたところを、成功
事例としてほかの人に勧めても、すでに契約して
しまっているのですから、ほかの会社が契約を結
べる可能性は低いでしょう。逆に、何回営業に行っ
ても契約の取れない会社は、たぶん契約する気が
ないのですから、未契約だとしてもやはりお勧め
できません。つまり、何かを推薦したいなら、協
調フィルタリングをとりあえず使えばよいという
考えはよくないでしょう。

— 151 —

6日目：社会に入る AI

小林：社長は、会社の経営を AI に助けてほしいらしいんですよ。"次にこういうことをしたら儲かる"みたいなことを教えてほしいんですよね〜

博士：株でも同じような話を聞くのう。AI に次に買うべき株を教えてほしいというわけじゃ

小林：それは是非！ 大儲けできそうですね

博士：じゃがな。そんなことが簡単にわかるなら、その株には買いが集中して、あっという間に値上りしとるじゃろうて

AI で未来予測

会社の未来はわかる？

　次に何が儲かるか教えるためには、いろいろな
アイデアを作り出して、それぞれのアイデアが上
手くいくかどうか予測しなくてはなりません。株
が値上りするかどうかも同じです。その会社のビ
ジネスが今後も上手くいくかどうか、または外国
や経済の状況が今後どう動くか、そういったこと
を予測しなくてはなりません。AI は、過去のデー
タからパターンを見つけたり、あるいは統計的に
処理したりして将来を予測しています。なので、
未来が過去の繰返しであれば、予測可能です。例
えば、天気などがそのよい例です。台風が南の海
に発生したら、それは北上することがわかってい
ますし、風は西から東に吹くので天気は西から東
に移動することもわかっています。しかし、もっ
と詳細な天気予報をしようと思ったら、スーパー
コンピュータのシミュレーションと組み合わせ
ても、10 〜 15 日先を予測するのが精一杯です。
火山噴火は、微小な地震が多発したり地下水の温
度が変わるなどの予兆があるので、そのパターン

から予測できますが、地震は予兆がないので予測できていません。株の場合は、上がる原因、下がる原因はその時々でまちまちです。その予兆すらないことも多いでしょう。明日には必ず新しいことが起こる。このような状況では、予測は非常に難しいのです。

　AIを使って、顧客のニーズを解析するというのはどうでしょうか。まずデータからは、例えば、20代の女性はどういうものをよく買うのかといった表面的な傾向がわかります。ただし、単にお客さんが欲していると思われるモノを作って並べても売れないと言われています。どうしてなのでしょうか。

　顧客のニーズから商品設計するときに大事なことの一つは、"これがよい"というコンセプトを会社から自発的に提案することです。このコンセプト作りをAIに自動的にやらせるのは難しいでしょう。しかし、AIはデータをきれいにして、これまでは見えにくかった隠れたニーズを探すことができるので、それをコンセプト作りに活用することはできます。

　経営判断はどうでしょうか。会社の経営の本質は、その会社が「こういう会社になるぞ」と世の

中や従業員に示すことです。それは創造するもの
であって、過去と同じことをやればよいというも
のではありません。このような経営方針に対して
AI が直接判断を下すことはできません。しかし、
経営判断のための判断材料を AI のデータ解析か
ら得ることはとても意味のあることです。

　ビッグデータを AI で解析することで、最近活
況な分野や、注目の技術、他社の動き、ユーザた
ちの目立たないけれど情熱的な活動などを明らか
にできます。これを基に人間が考えれば、自然と
よい経営判断ができるでしょう。絶対に正しいと
は言えませんが、さまざまな状況を見て得た根拠
があれば、考えなければならないことはより明確
になり、出された結論はより確かで納得のいくも
のになっているはずです。

小林：AI って、私の代わりに考えてくれるわけ
　　　ではないんですねぇ。本当は、これお任
　　　せ！ってできると楽なんだけどな〜

博士：仕事は奪われたくないと言っておったの
　　　に、"お任せ" したいんじゃな。まったく、
　　　都合がよいのう（笑）

— 155 —

AIに"神頼み"はよくない

1日目で触れましたが、AIは万能ではありません。そんなAIに何でもかんでもさせようというのはしょせん無理なことです。そもそもAIはロボットではありませんから、自分で移動したり、ものを持ち上げたり、外界に物理的に働きかけることはできません。ですから、レストランで注文は取れても、配膳はできません。自動運転ができても、移動するのは自動車であって、AIが関係しているのは制御部分です。しかも、自動運転車で配送しても、荷物をお客さんの家の玄関にまで運ぶことはできないことは変わりません。AIとセンサやロボット技術を組み合わせて初めて、実際に使えるものができるのです。つまり全部自動的にやらせようと思ったら、ロボットやセンサも作らなくてはならないということです。上手にAIを利用しようと思ったら、センサやロボットの開発が軽くなるように、商品やシステムのデザインを考えることが大事ですね。

また、AIは完璧ではないので、導き出された答えが正確でないことや、そもそもAIには解明できないことも結構あります。AIに全部やって

もらおうと思わないで、AIにどこを助けてもらうかを考えるようにするのが大事です。データがどのようなデータなのかを考えれば、そこから何がわかりそうか、どの程度確からしくなりそうか、どう使えそうか考えることができます。自分がAIを使うというスタンスが重要でしょう。

　ところが、私たちは、"AIは何でもやってくれる"と考えてしまいがちです。それが、AIが来たら仕事を奪われるといった恐怖心や、お金をかけてAIを導入したら素晴らしいことができるといった過信を生んでいるのでしょう。AIは道具の一つですから、必要以上に恐れたり過信したりすることなく、使い道を考えるのが大事でしょう。

小林：……うちの社長の願いは叶いそうにありませんね

博士：しかし、情熱的な社長さんみたいだから、AIとデータがあれば、社長の仕事が楽しくなるかもしれんのう

小林：そうそう。最近、同期から人事に使えるAIがあるって聞いたんですけど。配置替えなどが上手くいって、会社を辞める人が減るみたいなんですよ

6日目：社会に入る AI

> **博士：**それは、上手くいっとる例じゃな。ただ、
> AI を使うまでもないかもしれんぞ

そもそも AI でやる前に

　AI で人事を行うなら、社員の人物的なデータが必要です。このデータを基に何が好きか、何が得意かといった特長や適性を調べ、それを基に配置を決めます。組織やチームを作る際に「こういう組合せにするとよい」という知見が、経営学や心理学などですでにいろいろ研究されているので、それを基にすればよいのです。逆に今までは、データを使わず、個人の主観で人事を決めている部分がありました。もし AI の導入で人事がよくなったなら、それは AI を使わなくてもデータに沿った人事をすればよかったということなのかもしれません。

　工作機械の故障予測や、生産現場のスケジュール設定などで、AI を使おうとするときにも、同じような話があります。故障の兆候や機械の調子をセンサで調べたり、工場の工程を AI で自動的に最適に決めたりしようとするのですが、このようなことは熟練工がすでに経験的に知っているこ

— 158 —

では、実際にAIを

とが多いのです。問題点は実は情報の共有ができていないことであって、AIや高価なセンサに頼るまでもないのです。これは、AIを使うことに意味がないと言っているわけではありません。AIを使うというアイデアが現場の人々に物事を客観的に、あるいはデータ帰納的に考えるきっかけを与えているのです。人事をデータに基づいて行うことが多くなり、その結果、何が起こったか、どのようになったか。人事異動の結果のデータがたくさん得られるようになれば、人間がデータを調べただけでは見つけにくい事実が明らかになるかもしれません。そのときに初めて、AIを人事に使う大きな意味が見出せるのだと思われます。

6 日目：社会に入る AI

> **小林：**そう言われると、少し頑張れば今でもできることばかりで、AI でなきゃできないことって、そんなにないのかもしれませんね
>
> **博士：**そうじゃのう。でも、人間が苦手なものをやってもらう、と考えれば、役立てようはいくらでもあると思うんじゃがのう

配送業は得意

　人間の苦手なことで、コンピュータが得意なことを、コンピュータにやってもらうのは自然なアプローチです。コンピュータが得意なことと言えば、データをリアルタイムで迅速に処理をすることと、大規模なデータを扱うことです。

　迅速な処理能力が活かされるのは、状況が変わりやすい現場です。まさに小林さんの勤める配送会社などがそうでしょう。不在だったお客さんが、オフィスに戻ったという連絡が入ったら、即座に配送ルートを作り直せたら便利です。お客さんから集荷のリクエストがあったら、たくさんのドライバーの中から最も都合のよい人を見つけ出し、

— 160 —

では、実際にAIを

仕事を依頼するというシステムがあったら効率的に業務を進められるでしょう。

　さらに大規模なものでは、大量の荷物の配送ルートをある程度自動的に決めたり、配送データを集計して不在が多い地域と時間帯を明らかにして配送ルートを決める際に活用したり、トラックへの荷物の詰め方を最適化して積込みや積下しを楽にしたり、荷物が壊れないようにしたり、業務のさまざまな工夫につなげることができます。また、お客さんからの問合せ電話の会話データから、よくある問合せを集計しておけば、業務の助けになるでしょう。

博士：最近のAIのめざましい進歩は画像認識じゃから、そこから攻めるのもよいと思うがのう

小林：どうして攻めどころなんでしょうか

博士：最近使えるようになったばかりだから、画像でやれば簡単にできるところにも、まだ画像認識が使われていない可能性が高いからじゃよ

小林：なるほど。じゃあじゃあ、将棋や囲碁のような、人間よりすごいAIだって何か

— 161 —

に使えるんじゃないですかね

博士： むろん、使えるのじゃが、ルールや決まりがしっかりしているところでないとだめじゃ。将棋だって、人間が盤面をくるっとひっくり返したり、相手の駒を盗んだりしたら、勝てないかもしれんぞ

気の利く自動販売機

　小林さんと博士の会話は、ついに、最先端 AI をどのように実社会で使うかというところにまで至りました。

　まず、最近の AI のめざましい発展は、音声や画像認識が可能になったことだと紹介しました。この機能を利用すると、新しい機械が作れます。例えば、券売機でボタンを押す代わりに、声で買いたいものを伝えられるようになります。また、今までは不良品の選別を磁石やレーザを使って行っていましたが、カメラで撮影した画像が使えるようになります。工業製品では部品が足りなかったり、形が違ったりするものを検出できますし、食品では、焦げたポテトチップスや、りんごやみかんの傷を画像で見つけて、取り除くで

しょう。

　最近はドローンの登場で、上空からの景色も簡単に撮影できるようになりました。これを利用して、作物のでき具合を田んぼの画像から判断することもできます。衛星画像の夜の景色から、どの地域でどのくらいの電気が使われているかもわかります。

　人間が目で見なければわからなかったこと、あるいは人間にはわかりにくいけれど、詳細に分析すれば見た目に違いが表れるものは、この画像認識によって捉えられるようになっていきます。

限定的なすごい能力

　将棋や囲碁のソフトが人間を超えたように、AIの文字認識や顔認識のレベルは、すでに人間の精度を超えています。しかし、ここにも「AIには定形の問題しか解けない」という弱点があります。例えば、たくさんの顔写真から顔の認識の仕方を学習しているところに、イラストが紛れ込んでいたら、それを顔だと認識することはできません。また、目の部分が漢字の "目" になっているような写真があれば、日本人ならすぐに、「これは顔写真を面白く加工したんだな」と理解しますが、

6日目：社会に入るAI

コンピュータは意味を理解しているわけではないので、漢字は認識できても、こういうものを顔だと認識することはできません。まだまだ AI は用途を決めた道具的な使われ方が多いのです。

　また、人間を上回る思考をするような将棋や囲碁でも、ルールが明確に定められているから、深い思考をすることができます。駒をいっぺんに二つ動かしてよいとか、碁石の色が４色になるとか、ルールが変わった途端に、その AI は使えなくなります。ビジネスの世界でも決まりごとは多いですが、状況によって対応策が変わることは多々あります。また、例外や暗黙の了解なども非常に多いのです。こういうところでは、将棋や囲碁のような明確なルールの下で強くなる AI はなかなか活躍できないでしょう。

小林：こうやっていろいろ考えると、AI を活用できるかどうかは、本当にその人のアイデア次第ということなんですね。そうなると頭のよい人にはかなわないですよ、博士

博士：あきらめたものでもないぞ、小林君。君の運送会社の営業について、世界で一番

－ 164 －

詳しいのは君じゃろう。そこは誰もかなわないはずじゃ

小林：そんなことないですよ。私の知っていることくらい、頭のよい人だったらすぐわかりますよ

博士：君の会社のAIで一番大事なことは、君の会社の状況じゃよ。小林君、頭のよい人には2種類あるじゃろ？　何でも知っているもの知りと、推理・推論が得意な頭の回転が速い人と

小林：はい、そうですね

博士：もの知りは、君の会社のことは何も知らないじゃろう。だから君の会社については、あまり考えられない

小林：まあ、確かに

博士：回転が速い人は、いろんな推理をしていろんなアイデアを出せるじゃろう。でも、会社にとって何が大事か、何が難しいところかはわからないから、どういうものを考えればよいかはわからないはずじゃ

小林：それはそうですけど

博士：どんなに速い船でも、大海原に乗り出す

ときに、どっちに島がありそうかわからなければ、どうしようもないじゃろう。スピードは落ちても、方向を知っている方がよっぽど頼りになるのじゃ

小林: 確かにそうですね

博士: 実際に仕事をしている人が、その仕事の大事なところを一番わかっていて、一番情熱を持って取り組めるはずじゃ。小林君も、自分の仕事に誇りを持って、何が大事か、何をするべきか、考えてみたらどうじゃろうか

小林: わかりました、博士。私も会社に戻って頑張ってみますね！！

あとがき

　すでに 20 冊を超えたこのシリーズの依頼が来たのはちょうど 1 年ほど前のことでした。世は AI に熱狂し、あるいは撹乱され、恐れ、人々の未来観の中に AI が大きく入り込んできていることを実感するさなかでした。世の多くの知識人がそうしているように、国立情報学研究所としても、その研究者の見識からくる主観を伴った、意思のある見解を AI に対して与える時期が来ているであろうことは、確かな重みを持って実感されていました。しかし果たして、研究者が AI に対して論じられるものは何でしょうか。近年、急速な台頭を見せる技術であれば機械学習やディープラーニング、実世界の裏側を見せるのであればレコメンデーションや最適化、IoT（Internet of Things）やモバイル機器といったデバイスであればリアルタイムセンシングや大規模高速データベースとネットワーク。どれも将来における AI の根幹をなす大事な技術であり、かつ人々との距

離も近いものです。しかし、そのどれを取り上げても、人々が今まさに感じている「AIとは何だろうか」という疑問には答えられないでしょう。AIはもはや、単なる技術の集合体ではなく、それを凌駕して人々に新しい人間と社会、果ては自然との関わりまでを問う、大きな概念となっているのではないでしょうか。必要なのは、その概念的な問いに答えうる、計算で知能を代替することの意味でしょう。

　概念的な問いは、話として、非常に難しい文章構築技術を要求します。概念的なものは、具体的なものと違って、目に見えたり、実際に感じることができないため、人によって感じ方が大きく異なってきます。日本語の持つ特徴の一つである主語のあいまいさや、受け身と肯定形の選択の自由さが逆にあだとなり、読み方によって複数の意味が取れてしまったり、伝わり方が急激に弱くなってしまったりするのです。意味がぶれないように文章の軸をしっかり固定して説明を流し、視点や文脈の変遷を安定的に制御しながら段落を構成していくわけです。執筆を担当いただいた池田さんには難しい作業をお願いすることとなりました。ここで改めて感謝の意を表します。

あとがき

　小林さんと田中博士には大いに助けられました。こちらが説明したいことを書いていくと、どうしても散発的に書類を並べたようになってしまうのですが、彼らの会話がそれを許しません。小林さんの質問は支離滅裂になり、博士は突然関係ないことを話し始めます。小林さんを元気よく会社に送り帰すために、ずいぶんとあちらこちらを並べ替えて筋が通りやすくし、途中で寝てしまわないように余計な説明を省いて軽快な説明を心がけました。熱心に話をしてもらった博士も、安心して小林さんを送り出せたことと思います。

　技術が新しくなることで、社会は大きな変化を重ねてきました。それに伴って人のあり方、考え方も変化し、昔は悪かったことがよくなり、考えもしなかったことに目が向けられ、それが当たり前と思われるようになってきました。単に技術によって生活が楽になったことだけが原因ではなく、技術の登場が、人に新たな活動の様式を与え、新たな概念を考えさせるのでしょう。そういった意味で、AIは社会と人間を大きく変える可能性を持っています。今までの変革が概ねよい方向に来ている、と現代の人々が考えられるのと同じように、今のAIがもたらす変化が人々の常識を新

－ 169 －

あとがき

たな次元に導き、それが人々にとって素晴らしい
ものとなることを願ってやみません。できれば、
生きてその時代を見たいものです。

宇野 毅明

著者紹介

宇野 毅明(うの・たけあき)

1998年3月東京工業大学総合理工学研究科博士課程修了、博士(理学)を取得。1998年4月東京工業大学経営工学専攻助手着任、2001年2月国立情報学研究所助教授着任。2014年4月同教授着任。専門はアルゴリズムの理論と応用、データマイニングと現実データへの応用、最適化など。計算構造解析による今までにないアルゴリズム高速化手法を開発し、多くの定理を証明した。一方で、理論研究で得たアルゴリズム高速化の本質部分を現実的な課題に応用し、ゲノム解析やデータマイニングで、過去のアルゴリズムを数百倍から数万倍高速化することに成功した。AI関連では、クラスタリングやパターン発見などで、従来法より高い精度を持ち、今までの手法が持つ使いにくさを解消するアルゴリズムを開発している。2010年文部科学大臣表彰科学技術部門若手科学者賞受賞。

池田 亜希子（いけだ・あきこ）

東京工業大学生命理工学部生物工学科卒業。同大学院生命理工学研究科修士課程バイオテクノロジー専攻修了。三菱化学（現・田辺三菱製薬）の医薬品安全部門、TBSラジオのレポーターを経て、現在、サイテック・コミュニケーションズ社でサイエンスライターとして活動。

参考文献

「計算機で扱える知能とは」
人工知能学会
　https://www.ai-gakkai.or.jp/whatsai/AIwhats.html
みらいアーチ社
　http://miraiarch.jp/column/technology/ai.html
東京理科大学　電卓の歴史
　http://www.dentaku-museum.com/1-exb/special/
　rikadai/rikadai.html

「人間社会と AI の歴史」
THE ZERO/ONE（ザ・ゼロワン）
　https://the01.jp/p0004464/
総務省 HP
　http://www.soumu.go.jp/johotsusintokei/whitepaper/
　ja/h28/html/nc142120.html
ディープラーニング入門
　https://www.sbbit.jp/article/cont1/33345

参考文献

「コンピュータと人間の対局の歴史」
朝日新聞
　http://www.asahi.com/topics/word/ 電王戦 .html
朝日新聞
　https://digital.asahi.com/articles/ASK5M7SYXK
　5MUCVL027.html
日本将棋連盟コラム
　https://www.shogi.or.jp/column/2017/03/2_5.html
コンピュータ将棋の歴史
　http://www.junichi-takada.jp/computer_shogi/history.
　html

「同じようなボードゲームでも」
朝日新聞
　http://www.asahi.com/topics/word/%E3%82%A2%E3%
　83%AB%E3%83%95%E3%82%A1%E7%A2%81.html
　https://www.asahi.com/articles/ASKBF55WW
　KBFULBJ00H.html
WIRED
　https://wired.jp/2016/01/31/huge-breakthrough-
　google-ai/

「将棋新時代幕開けの裏には科学技術アリ」
読売新聞
　http://www.yomiuri.co.jp/matome/20170616
　OYT8T50006.html

— 174 —

産経 west
　　http://www.sankei.com/west/news/171027/wst1710270025-
　　n1.html
羽生善治『簡単に、単純に考える』2001 年、PHP 研究所。
YOMIURI ONLINE
　　http://www.yomiuri.co.jp/fukayomi/ichiran/20171102
　　OYT8T50031.html

「敵か？　味方か？」
WIRED
　　https://wired.jp/2015/11/06/uncanny-valley-creepy-
　　robot/

「データがあれば考え方が変わる」
ID 野球
　　http://www.plus-blog.sportsnavi.com/student/article/8

＊ Web サイト：2017 年 10 月参照

情報研シリーズ 22

国立情報学研究所（http://www.nii.ac.jp）は、2000年に発足以来、情報学に関する総合的研究を推進しています。その研究内容を『丸善ライブラリー』の中で一般にもわかりやすく紹介していきます。このシリーズを通じて、読者の皆様が情報学をより身近に感じていただければ幸いです。

しっかり知りたい
ビッグデータとAI　　　　　　　　　　　　　丸善ライブラリー388

平成30年6月30日　　発　行

監修者　情報・システム研究機構　国立情報学研究所

著作者　宇野　毅明
　　　　池田　亜希子

発行者　池 田 和 博

発行所　丸善出版株式会社

〒101-0051　東京都千代田区神田神保町二丁目17番
編集：電話(03)3512-3266／FAX(03)3512-3272
営業：電話(03)3512-3256／FAX(03)3512-3270
https://www.maruzen-publishing.co.jp

© Takeaki Uno, Akiko Ikeda
　National Institute of Informatics, 2018

印刷・製本　大日本印刷株式会社

ISBN 978-4-621-05388-1　C0255　　　　　　　Printed in Japan